Abdelhakim Djebara

Exposition professionnelle aux poussières d'usinage

Abdelhakim Djebara

Exposition professionnelle aux poussières d'usinage

Caractéristiques des poussières d'usinage et métrologie

Presses Académiques Francophones

Impressum / Mentions légales

Bibliografische Information der Deutschen Nationalbibliothek: Die Deutsche Nationalbibliothek verzeichnet diese Publikation in der Deutschen Nationalbibliografie; detaillierte bibliografische Daten sind im Internet über http://dnb.d-nb.de abrufbar.

Information bibliographique publiée par la Deutsche Nationalbibliothek: La Deutsche Nationalbibliothek inscrit cette publication à la Deutsche Nationalbibliografie; des données bibliographiques détaillées sont disponibles sur internet à l'adresse http://dnb.d-nb.de.

Coverbild / Photo de couverture: www.ingimage.com

Verlag / Editeur:
Presses Académiques Francophones
ist ein Imprint der / est une marque déposée de
AV Akademikerverlag GmbH & Co. KG
Heinrich-Böcking-Str. 6-8, 66121 Saarbrücken, Deutschland / Allemagne
Email: info@presses-academiques.com

Herstellung: siehe letzte Seite /
Impression: voir la dernière page
ISBN: 978-3-8381-7554-6

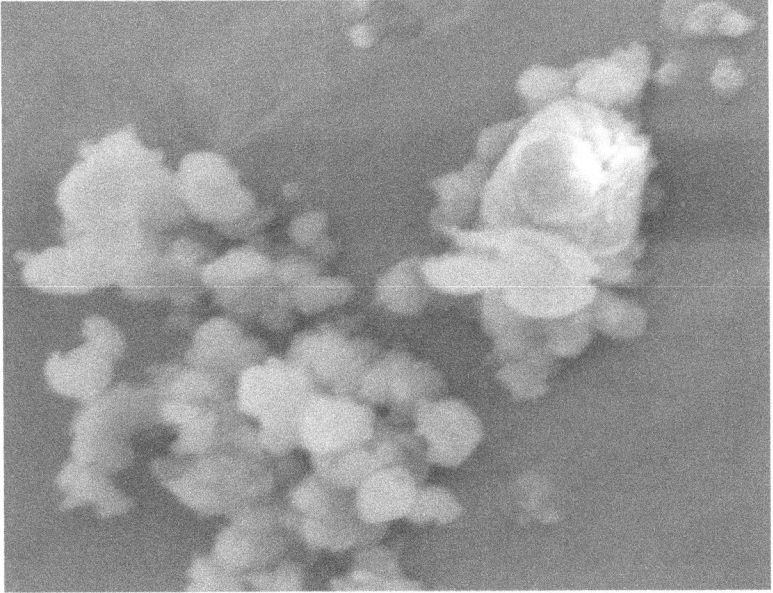

Abdelhakim DJEBARA

Exposition professionnelle aux poussières d'usinage
Caractéristiques des poussières d'usinage et métrologie

PREFACE

Ce livre a pour but d'apporter une contribution à la compréhension des facteurs qui influencent la génération des particules microniques et submicroniques durant l'usinage. L'objectif primaire était de développer une méthode efficace de mesure, de contrôle et de caractérisation de ces particules. Cette technique a été appliquée aux procédés d'usinage afin de pouvoir caractériser ces procédés en termes de production de particules jugées dangereuses par les toxicologues. Le livre est divisé en six chapitres qui peuvent se lire indépendamment. Le premier chapitre du livre a été consacrée aux effets des particules microniques et submicronique sur la santé et la sécurité du travail.

Une des difficultés à comprendre le rôle de ces particules dans l'atmosphère réside dans les problèmes liés à l'échantillonnage et l'analyse de ces dernières. Les techniques de mesure retenues par la communauté scientifique internationale ont été axées autour de trois technologies différentes, offrant chacune des avantages et des inconvénients. Premièrement, les techniques LIDAR « Light Detection And Ranging », permettent une bonne résolution spatiale mais demandent des hypothèses à priori sur la nature des particules pour obtenir les paramètres de taille. Deuxièmement, les techniques de mesure par particule « single particle », basées sur la volatilisation laser de l'aérosol, suivie de son analyse par spectroscopie de masse quoique leurs coûts élevés, et leur difficulté de mise en œuvre, donnent la représentativité statistique des résultats. Le troisième axe des mesures sont basées sur la détermination de la granulométrie de l'aérosol et de sa volatilité, complémentaires des techniques LIDAR, sont plus facile à mettre en œuvre que les techniques «single particle» et apportent une information de nature physico-chimique avec une bonne résolution temporelle. Ce dernier système d'analyse est appelé «Volatility Tandem Differential Mobility Analyser» (VTDMA). La technique du VTDMA a été, par le passé, utilisée pour étudier la composition des particules d'aérosols à la fois en atmosphère naturelle et en laboratoire. L'instrumentation de mesure et de caractérisation des particules et aérosols sera le sujet de deuxième chapitre de ce livre.

IV

Le troisième chapitre sera consacré à l'usinage propre. Ce procédé d'usinage devient de plus en plus exigent envers les procédés d'usinage et de mise en forme en général. Pour répondre à ses exigences plusieurs techniques ont été développées, commençant par l'élimination de plusieurs fluides contaminants jusqu'à la réduction maximale des fluides et même la suppression totale comme le cas de l'usinage à sec. On présente dans ce chapitre l'ensemble de ces techniques, leurs limitations et les remèdes suggérés, par la suite nous mettons l'accent sur le phénomène de base et les mécanismes de génération de poussières dangereuses en usinage.

Ce livre ne vise pas une étude de la toxicité des particules de fabrication, mais plutôt le développement d'une méthode efficace de mesure. Il est clair qu'une mesure correcte des particules permettra de mieux faire des corrélations entre la toxicité, la nature, la forme et la taille des particules, pour enfin rechercher des moyens pour prédire et limiter la production des particules dangereuses. Un raffinement de ces techniques expérimentales est exigé pour améliorer les méthodes employées habituellement en hygiène du travail. Dans le quatrième chapitre de présent travail une méthode de prélèvement et de préparation des substrats adaptées aux poussières d'usinage a été développée afin d'obtenir des informations pertinentes sur les particules émises (concentration, composition chimique, degré d'agglomération et forme). En plus, une amélioration de la mesure par une procédure de correction des données brutes est mise sur pieds dans le cinquième chapitre. Ensuite on a appliqué cette méthode à l'évaluation des procédés de fabrication des pièces métalliques en fonction des matériaux, des outils et des stratégies de mise en forme. Dans le sixième chapitre de ce livre est consacrée à l'étude des émissions de particule microniques et submicronique lors de l'usinage par fraisage des alliages d'aluminium. Elle s'est concentrée sur les particules dont la taille varie entre 10 nm – 500 nm.

La revue de littérature a révélé un très faible nombre d'études portant sur l'émission de particules lors de la coupe, malgré les risques inhérents à ces particules pour les personnes. La nécessité et l'originalité de ce livre tiennent au fait qu'il n'existe pas de normes relatives aux particules émises par les procédés de fabrication. Aussi, il demeure encore difficile de prévoir les émissions de particules selon leur taille, défis qu'il faudra tout de même souligner car la détermination des tailles de ces particules en suspension permet la définition d'équipement de protection adéquat. L'ensemble de ce travail a permis d'appréhender les interactions entre les paramètres de coupe et les modes de génération des particules microniques et submicroniques. Il ressort de cette analyse que la mise en évidence de la sensibilité du processus d'émission aux variations des paramètres de coupe montre l'importance de la chaîne de mesure. Le présent travail vient palier à cette lacune. Ce travail pourra permettre des études ultérieures en toxicologie pour accélérer la mise en place d'une norme sur les émissions de ces particules pour une amélioration de la qualité de l'air dans les ateliers d'usinage et donc la protection de la santé des travailleurs.

TABLE DES MATIÈRES

X

LISTE DES ABRÉVIATIONS, SIGLES ET ACRONYMES

AFM	Microscope à force atomique
Afsset	Agence française de sécurité sanitaire de l'environnement et du travail
APS	Aerodynamic Particle Sizer Spectrometer
ATOFMS	Aerosol Time of Flight Mass Spectrometer
CPC	Compteur de particules de condensation
DBs	Batteries de diffusion
DMA	Analyseur différentiel de mobilité
DOE	Plan d'expériences
EAD	Détecteur électrique d'aérosol
ELPI	Electrical Low Pressure Impactor
EPI	Épiphaniomètre
EPA	Environmental Protection Agency
IRSST	Institut de recherche Robert-Sauvé en santé et en sécurité du travail
MEB	Microscope Électronique à Balayage
MET	Microscope Électronique à Transmission
MOUDI	Micro-Orifice Uniform Deposit Impactor
NanoMet	Nanoparticle Measuring Technique
NAS	Nanometer Aerosol Sampler
OMS	Organisation mondiale de la Santé
PC	Polycarbonates
$PM_{2.5}$	Indice de qualité d'air pour des particules de taille inferieur à 2,5µm
PUF	Particule Ultrafine
SMPS	Scanning Mobility Particle Sizer

LISTE DES SYMBOLES ET UNITÉS DE MESURE

A Constante de *Dahneke*

$a_i(N)$ Coefficients d'approximation

B Mobilité dynamique (m s^{-1}N^{-1})

B Coefficient de fixation des ions (m^3 s^{-1})

C_0 Concentration de particules neutres (m^{-3})

C_C Facteur de correction de Cunningham

C^m Concentration en masse (μg/m³)

C_N Concentration de particules portant N charges élémentaires (m^{-3})

C^p Concentration en nombre des particules (particules/cm³)

C_t Concentration totale de l'aérosol (m^{-3})

C^S Concentration en surface (nm²/cm³).

D_{50} Diamètre de coupe de la particule (m)

D_a Diamètre aérodynamique (m)

$D_{agrégat}$ Diamètre de l'agrégat

D_{aj} Diamètre ajusté

D_e Diamètre équivalent (m)

D_{ev} Diamètre équivalent en volume

D_f Dimension fractale

D_g Diamètre de giration

D_i Coefficient de diffusion (m².s^{-1})

d_i Moyenne des carrés des distances

D_m Diamètre de mobilité électrique

D_p Diamètre de la particule (m)

D_{pp}	Diamètre de particule primaire
D_S	Diamètre de Stockes (m)
E	Champ électrique (V m^{-1})
E_C	Énergie cinétique de rebond
δE	Énergie électrostatique de la particule (J)
e	Charge élémentaire ($1,6\text{x}10^{-19}$ C)
e_r	Coefficient de restitution
F	Force (N)
F_D	Force de traînée de *Stokes*
F_{elec}	Force électrique d'un champ électrique constant
F_g	Force de gravité
$F(N)$	Probabilité qu'une particule de diamètre D_p porte N charges
fz	Avance (mm/dent)
h	Hauteur de disque
k	Constante de *Boltzmann* ($1,38\text{x}10^{-23}$ J K^{-1})
K_n	Nombre de *Knudsen*
L	Longueur entre la sortie et l'entrée de l'aérosol
m	Masse (kg)
m_a	Masse de l'agrégat
m_p	Masse de la particule
N	Nombre de charges élémentaires portées par une particule
N_p	Nombre de particules comptées
n_∞	Concentration d'équilibre des ions dans le milieu (m^{-3}).
P	Profondeur de coupe (mm)

Q	Débit volumétrique (cm^3/s).
q_a	Débit de l'aérosol dans l'analyseur différentiel de mobilité
q_{sh}	Débit d'air propre dans l'analyseur différentiel de mobilité
$\Re$	Axe radiale du système de coordonnées
r	Vecteur de position
r_1	Rayon de l'électrode intérieur
r_2	Rayon de l'électrode extérieur
R_C	Rayon du disque
R_e	Nombres de *Reynolds*
R_p	Rayon d'une sphère
S	Constante de *Sutherland* (K)
s	Côté d'un cube
S_{tk}	Nombre de Stokes (0,23)
T	Température absolue (K)
T	Temps d'échantillonnage (secondes)
T_r	Température de référence (K)
V	Tension moyenne sur l'électrode intérieure du collecteur (Volts)
Vc	Vitesse de coupe (m/min)
V_G	Volume du gaz (m^3)
V_m	Volume de matière de la particule
V_P	Volume occupé par une particule
v_c	Vitesse critique
v_m	Vitesse moyenne d'agitation
v_p	Vitesse de sédimentation (m s^{-1})

v_∞	Vitesse de la particule par rapport au fluide
W	Diamètre de la buse d'entrée de l'impacteur (cm)
χ_c	Facteur de forme dynamique dans le régime continu
x_s	Distance de séparation
χ_t	Facteur de forme dynamique en régime de transition
χ_v	Facteur de forme dynamique dans le régime libre-moléculaire
z	Axe axiale du système de coordonnées
Z	Mobilité électrique ($m^2\ V^{-1}\ s^{-1}$)
Z_{i+}/Z_{i-}	Rapport des mobilités des ions
α, β et γ	Constantes adimensionnelles
ε_0	Constante diélectrique ($8{,}85 \times 10^{-12}$ *farad/m*)
λ	Libre parcours moyen
μ	Viscosité dynamique du fluide (Pa s)
ρ_0	Densité unitaire (g/cm^3)
ρ^m_{eff}	Densité effective de mobilité
ρ_m	Masse volumique de matériau (g/cm^3).
ρ_p	Densité de la particule (g/cm^3).
ρ_{pp}	Masse volumique des particules primaires (g/cm^3)
σ	Écart type de la distribution
τ	Temps de relaxation d'une particule
Φ	Flux pendant l'unité de temps à travers l'unité de surface
φ	Flux d'ions sur la surface d'une particule (s^{-1})
χ	Facteur de forme dynamique
Ψ	Fonction de ligne de courant

INTRODUCTION

L'usinage est sans doute le procédé de mise en forme le plus ancien. Il a connu d'énormes progrès tout comme les différents procédés de mise en forme. Bien que l'évolution d'autres techniques de formage sans enlèvement de la matière (forgeage, moulage) arrive à produire des pièces brutes de plus en plus proches des côtes (Near-net-shape), l'usinage demeure encore le plus répondu, car une précision accrue fait toujours appel à l'usinage. Sans aucun doute, dans l'avenir, on fera de moins en moins de copeaux, mais de plus en plus des surfaces ayant de meilleures propriétés mécaniques, physiques et géométriques. Généralement, l'usinage nécessite l'emploi de produits polluants qui peuvent être dangereux en cas d'exposition important. Ce sont les fluides de coupe, les lubrifiants, les dégraissants, les produits de protection temporaire contre la corrosion. L'un des problèmes majeurs des fluides de coupe est la génération d'aérosols pendant l'usinage (Khettabi, 2007). Ces aérosols peuvent êtres liquides (provenant des fluides de coupe) ou solides (particules métalliques émises lors de la coupe) et gazeux. La quantité d'aérosol dégagée lors de l'usinage lubrifié est beaucoup trop élevée. Elle peut atteindre 12 à 80 fois celle produite en usinage à sec (Sutherland, 2000). Les mécanismes primaires responsables de ce problème est l'éclaboussure due à l'impact du fluide et à l'évaporation du fluide à cause de la température élevée dans la zone de coupe (Bell, 1999).

Les problèmes de qualité de l'air intérieur sont issus des contaminants de l'air intérieur - substances chimiques, poussières, moisissures ou champignons, bactéries, gaz, vapeurs, odeurs etc. Ces contaminants de l'air intérieur peuvent entrer dans le corps humain à travers le nez, la bouche et la peau et se disperser par la suite pour atteindre les alvéoles pulmonaires, le système sanguin, le foie, le cerveau et même traverser les parois intestinales et le placenta (Ostiguy et al. 2006). Les études épidémiologiques montrent que les poussières métalliques, y compris donc celles produites lors des procédés de fabrication représentent un risque pour la santé des travailleurs (Tönshoff et al, 1997; Sutherland et al. 2000; OMS 1999). Les toxicologues s'entendent que l'exposition aux particules métalliques fines ou ultrafines peut être responsable de maladies allant de la simple irritation des voies respirables

2

jusqu'aux cancers en passant par les allergies et la pneumonie (Sutherland et al. 2000; McClellan and Miller 1997; Ostiguy et al, 2006). Les émissions des particules métalliques liées à certains procédés industriels (Procédés mécaniques 'Usinage et ponçage: métaux, plastiques', 'Polissage fin: abrasion') sont de même danger pour notre santé que les nanoparticules manufacturé (Hervé-Bazin, 2007; Witschger, 2005a). La nature, le niveau et la probabilité de cette exposition varient en fonction du procédé et de l'étape du procédé (Daniel, 2008; Nicolle, 2009).

Un rapport évoque différents risques auxquels sont exposés les personnels au sein des ateliers d'usinage : il s'agit des brouillards d'huile et des aérosols avec un large spectre de taille de particules (Swuste, 1995). Les personnels exposés ne sont pas seulement les opérateurs, mais toutes les personnes présentes dans l'environnement pollué. En conséquence, les agences de régulation d'hygiène et de sécurité du travail poussent de plus en plus les manufacturiers vers la réduction des poussières des procédés d'usinage et de fabrication. Un comité de prévention du risque et de contrôle de l'environnement du travail de l'organisation mondiale de la santé qui s'est tenu en Suisse en 1999 (EHO, 1999) souhaitait qu'il y ait des travaux de recherche relatant la production des poussières aux paramètres des procédés, ce qui aiderait à évaluer la fiabilité et les coûts des changement des systèmes d'amélioration du contrôle de poussières. La source des problèmes est alors les particules métalliques de taille micronique et submicronique, qui se dégage lors de l'usinage en s'oxydant instantanément dans l'air. A cause de leur taille, ces particules présentent un temps de sédimentation assez élevé pour rester en suspension dans l'air très longtemps afin de polluer ce dernier, mettant en péril la santé du travailleur. L'EPA (Environmental Protection Agency) trouve que même de faibles concentrations de certains métaux peuvent causer des effets pulmonaires aigus. Des éléments comme le cas de l'As (très dangereux) ou le *Be*, *V*, *Cr* et le *Zn*, provoquent des maladies très graves : cancer, bérylliose, etc. (Sutherland et al, 2000). Les personnes les plus disposées à attraper le cancer d'estomac, du pancréas, de la prostate et du rectum, sont celles qui sont souvent exposées aux particules métalliques de coupe (Hands, 1996 et Mackerer, 1989). Selon l'Organisation Mondiale de la

Santé (OMS), parmi les décès causés par des maladies associées au travail, 21% de ceux-ci seraient associés à des maladies respiratoires et 34% aux cancers, (OMS, 1999).

Une nouvelle problématique est apparue concernant le risque lié à l'exposition à des poussières métalliques dispersées dans l'air. Au moment où les menaces de cette poussière étaient très réelles, suscitant une crainte demandant un vrai remède, l'usinage propre devient le sujet d'actualité. Cependant la compréhension des mécanismes de formation du copeau et le comportement des matériaux en usinage, permettraient d'attaquer le problème à la source afin de minimiser le danger. Bien que l'expérimentation pure dans des cas précis peut donner les meilleures conditions pour atténuer le danger des poussières, mais elle reste toujours incapable de couvrir toutes les situations possibles et réalisables. Par contre elle peut nous aider énormément pour bâtir des modèles prédictifs. La maîtrise de l'usinage propre est loin d'être acquise et les enjeux de santé et sécurité au travail sont grands. Pour cela, l'usinage propre s'impose et il est en plein développement à cause des besoins industriels très importants (écologique, économique).

CHAPITRE 1

EFFETS DES PARTICULES MICRONIQUE ET SUBMICRONIQUE SUR LA
SANTÉ ET LA SÉCURITÉ DU TRAVAIL

1.1   Introduction

La qualité de l'air intérieur est devenue une question importante en matière de santé et
sécurité au travail (Ostiguy, 2009). La pollution est un phénomène très complexe résultant de
la présence de polluants qui sont très variés. La typologie la plus simple pour ces polluants
consiste à distinguer les polluants gazeux des polluants solides (poussières et particules). Les
polluants solides sont des particules fines et ultrafines qui sont susceptibles de servir de
vecteurs à d'autres substances : ce qui est particulièrement préoccupant compte tenu de la
capacité des particules ultrafines ($d < 0.1$ µm) a se retrouver dans les alvéoles pulmonaires
(Olivier, 2001). Une seconde typologie s'appuie sur l'origine des polluants et oppose les
polluants primaires aux polluants secondaires. Les polluants primaires sont des substances
présentes dans l'atmosphère telles qu'elles ont été remises. Les polluants secondaires sont des
substances dont la présence dans l'atmosphère résulte de transformations chimiques liées à
l'interaction de composés dits précurseurs (Pommery, 1985).

Les mesures de concentration de polluants sont importantes dans un large éventail de
domaines, y compris des études de l'environnement, de la santé publique et d'hygiène, de la
fabrication, de la technologie des salles blanches, et des tests quantitatifs de l'équipement de
protection. Un lieu de travail englobe de nombreuses sources de pollution de l'air intérieur.
L'importance relative du risque de chacune de ces sources dépend de la quantité des
émissions et de leur toxicité. La qualité de l'air intérieure des ateliers de fabrication est un
aspect encore méconnu mais important. Au cours de l'usinage, la présence de poussières, de
brouillard et de fumée de fluide de coupe permet de s'interroger sur la qualité de l'air au
voisinage de la zone de travail. Bien que les niveaux de polluants en provenance d'une seule
source ne présentent pas en eux-mêmes de danger pour la santé, les effets cumulés de
plusieurs de ces sources peuvent constituer un risque (EPA, 1995). Les personnes les plus

sensibles aux effets des polluants de l'air intérieur sont souvent celles qui passent plus de temps à côté de ces sources. Les polluants intérieurs produisent deux types d'effets sur la santé : ceux qui interviennent immédiatement après l'exposition et ceux qui ne se manifestent que des années plus tard. Les toxicologues conviennent que l'exposition aux particules métalliques fines ou ultrafines peut être responsable d'effets allant de la simple irritation des voies respiratoires jusqu'aux cancers (Sutherland, 2000).

Sur la base des résultats de concentrations de poussières à l'intérieur, les modèles pour évaluer l'exposition d'un individu ou une population sont également disponibles (Klepeis, 2007). Ces modèles fournissent des informations pour des solutions de problème de la qualité de l'air intérieur pour des situations spécifiques (Hayes, 1989). Traditionnellement, les systèmes de ventilation ont été conçus pour maintenir le confort thermique tout en contrôlant les concentrations de dioxyde de carbone et les odeurs (Standard, 1981). Ces systèmes de ventilation influencent considérablement la distribution des polluants (profils de flux d'air, température, humidité). Les concentrations peuvent varier dans l'espace d'une pièce donnée en raison de la répartition des sources de poussières (Yang, 2001). Hallé et al. (2009) et Morency et al. (2010) ont montré que la modélisation de la dispersion d'un gaz traceur peut fournir des informations utiles pour prévoir le transport et la diffusion des poussières dans des conditions de ventilation. Toutes ces modèles sont basées sur la connaissance de la concentration de poussières, mais dans des cas réels la quantité émise et les facteurs qui régissent cette génération ne sont pas toujours connus. Une conception appropriée des systèmes de ventilation ajoute de nouvelles dimensions pour une meilleure qualité de l'air intérieur et des économies d'énergie (Young, 1997). La méthode la plus efficace pour améliorer la qualité de l'air intérieur consiste généralement à éliminer les sources individuelles de pollution ou à réduire leurs émissions. Cette technique est connue sous le nom de contrôle à la source. Cependant, on ne peut pas en pratique éliminer complètement toutes les sources de pollution mais réduire à la source les émissions.

1.2 Nature des particules fines et ultrafines

Dans une structure nanométrique, le nombre d'atomes réactifs en surface augmente par rapport au nombre total d'atomes de la particule, ce qui explique la plupart des changements de leurs propriétés (Ostiguy et al, 2006 ; 2008). Cela concerne notamment :

- leurs charges électriques (une charge électrique négative inhibe leur transfert dans les cellules, alors qu'une charge positive le favorise) ;
- leur structure (cristalline ou non) ;
- leur solubilité dans les liquides biologiques (qui joue un rôle dans leur transport, leur toxicité et leur excrétion) ;
- leur capacité à former des agrégats, ou celle d'acquérir une photosensibilité spécifique (qui va permettre de les observés électivement par des stimulations lumineuses appropriées).

Pour pouvoir être étudiées, toutes ces propriétés impliquent une métrologie multiple tout à fait nouvelle (Chapitre II). La définition de ses paramètres doit être admise par l'ensemble de la communauté scientifique internationale. Mais elle fait depuis plusieurs années l'objet de nombreux débats au niveau international; d'abord par ce que techniquement les problèmes à résoudre sont peut-être aussi nombreux qu'il y a de catégories des particules et des paramètres à évaluer ; ensuite parce que des raisons commerciales de secret de fabrication ont freiné, au moins à leurs débuts, ces efforts de rationalisation métrologique à l'échelle mondiale.

En effet, certains des paramètres qui caractérisent une particule fine et ultrafine sont des déterminants de son éventuelle toxicité : ils représentent sa toxicité effective. Mais la mesure de celle-ci, qui permettra de quantifier l'exposition, devra tenir compte, non seulement de la masse administrée, mais certainement aussi du rapport *surface/masse* (*densité surfacique*) de chacun de ses éléments, et en plus, de sa charge électrique, ou de sa photosensibilité, etc. (*Kummer*, 2007).

1.3 Les mécanismes d'évacuation des particules fines et ultrafines en fonction de leur taille

La granulométrie des particules et leur comportement dans l'air ont un impact majeur sur le site de dépôt pulmonaire (Witschger et al, 2005 ; Oberdörster, 2005). La Figure 1 illustre le taux de déposition dans les différentes régions pulmonaires en fonction de la grosseur des particules. Cette courbe présente deux pics; le premier à 2,5 µm d'où l'indice de qualité d'air de $PM_{2,5}$ et le deuxième à 0,02 µm, fait objet de plusieurs études car le propos taux de dispersion est plus élevé pour ces pics, donc potentiellement plus dangereux. Cette courbe de fixation illustre clairement que l'absorption pulmonaire totale de particules de 20 nm diminue à 80 % mais plus de 50 % des particules de l'ordre de 20 nm se déposent au niveau des alvéoles (Ostiguy et al, 2006). Cela signifie donc que 20 % des particules inhalées pénètrent dans les poumons mais ressortent de celui-ci lorsque l'on exhale.

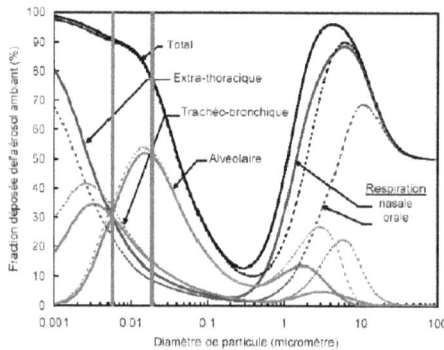

Figure 1.1   Prédiction du dépôt total et régional des particules dans les voies respiratoires en fonction de la taille des particules, tirée de Witschger (2005b)

À la suite de l'inhalation d'un aérosol de particules poly-dispersées, c'est-à-dire dont les tailles varient continûment entre deux limites dimensionnelles, 80 à 95 % des particules fines sont rapidement stoppées par les macrophages[1]. Par contre, dès que le diamètre diminue, ce

---

[1] *Macrophages sont de grandes cellules situées en sentinelle dans des « postes » toujours proches de l'extérieur du corps afin de capter et d'intercepter toute particule étrangère.*

phénomène d'épuration s'effondre. Comme le présente Witschger (2005b), on distingue cinq
mécanismes de dépôt de particules:

- la sédimentation, liée à la gravité agissant sur les particules ;
- l'impaction inertielle, qui caractérise le comportement des particules massives ;
- l'interception, qui se produit lors qu'une particule entre en contact avec une
surface ;
- la diffusion, liée au mouvement aléatoire des particules ultrafines ;
- l'attraction électrostatique, lorsque les particules sont chargées.

Ce dernier mécanisme peut influencer de façon importante le dépôt des particules
fortement chargées. L'étude de la déposition des particules dans le système respiratoire
montre des différences importantes dans les sites de déposition en fonction du diamètre des
particules inhalées, en particulier entre les particules de taille nanométrique et les particules
de taille micronique. Pour l'examen de la déposition des particules ultrafines, le système
respiratoire peut être divisé en trois régions : les régions nasopharyngée, trachéobronchique
et alvéolaire (Figure 1.2). Chaque région constitue un lieu de dépôt pour des particules de
différentes tailles.

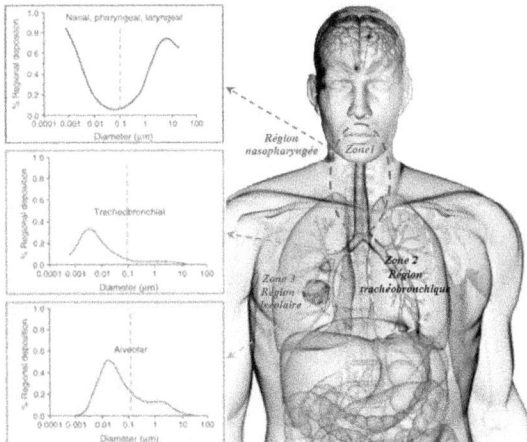

Figure 1.2 Lieux de déposition des particules dans le système respiratoire
Adaptation d'Oberdörster (2005)

De manière générale, le dépôt est le plus faible pour les particules d'un diamètre d'environ 300 nm. Comme l'indiquent Witschger et Fabriès (2005), les mécanismes de diffusion et d'impaction/sédimentation n'ont pas d'effets en raison respectivement d'une taille trop grande et trop petite pour ce type de taille des particules. En effet, pour des particules sphériques dont le diamètre est supérieur à 300 nm, le coefficient de diffusion est inversement proportionnel au diamètre de la particule, alors que pour des particules dont le diamètre est inférieur à cette valeur, le coefficient de diffusion est inversement proportionnel au carré du diamètre, car la correction de glissement est importante (Witschger, 2005b). La différence dans les lieux de déposition des particules devra avoir des conséquences sur les effets potentiels des particules ultrafines dans le système respiratoire.

1.4   Les Risques engendrés par des particules fines et ultrafines

Les études consacrées depuis des décennies aux aérosols de la pollution donnent des renseignements précieux sur les voies de pénétration dans l'organisme de ces particules, et sur leur métabolisme. De plus, ces deux variétés d'éléments de taille micronique et submicronique (manufacturés par l'homme ou produits de la pollution, qu'elle soit naturelle ou d'origine humaine) ont en commun les mêmes voies de pénétration dans l'organisme, à savoir la peau et les muqueuses[2] avec en plus, pour les nanoparticules employés en médecine, la voie parentérale[3] (Charron, 2006).

1.4.1   Particules et voies respiratoires

Les particules ultrafines inhalées se déposent dans toutes les zones de l'appareil respiratoire : les voies aériennes supérieures (nez, pharynx, larynx), la zone de conduction (arbre bronchique) et la zone d'échanges alvéolaires. Les particules inhalées diffusent dans

---

[2] *Muqueuses c'est une couche de cellules revêtant la paroi intérieure des organes creux, le tube digestif, les bronches, les organes génitaux ou la bouche par exemple. Une muqueuse peut être à l'origine des tumeurs appelées carcinomes. Elle peut aussi s'enflammer.*
[3] *Parentérale est un apport de substrat par voie veineuse périphérique ou centrale.*

tout ce système aérien et se fixent sur les parois par sédimentation ou impaction en fonction de leur diamètre aérodynamique, et des déterminants de leur taille (Ostiguy et al, 2006).

À la suite d'inhalation d'un aérosol de particules poly-dispersées, 80 à 95 % des particules fines sont rapidement stoppées par les macrophages. Par contre, dès que le diamètre diminue, ce phénomène d'épuration s'effondre ; 24 heures après l'inhalation seulement 20 % des particules de 15 à 20 nanomètres de diamètre ont été neutralisées et la majorité des particules ultrafines se trouve dans les cellules épithéliales[4] et de l'interstitium[5] pulmonaire, alors que les grosses particules sont éliminées par le tapis mucociliaire[6], ou par les macrophages et drainées par le système lymphatique[7].

Il faut rappeler que pour une concentration pondérale de $10\mu g/m^3$ de particules dans une atmosphère de qualité acceptable, cet air contient 0.15 de particules de $5\mu m$, alors qu'il en contient 150 millions pour des particules de 5nm. Ce simple rapport explique l'inefficacité de la phagocytose macrocytaire[8] vis-à-vis des particules ultrafines. Il montre aussi les limites d'une métrologie tenant compte que du rapport masse sur volume (Honnet and Vincent, 2007; Ricaud et al, 2007, 2008; Hervé-Bazin and Ambroise, 2007). Il est important de souligner qu'au niveau des voies aériennes supérieures les particules pénètrent dans les axones[9] du nerf olfactif[10]: il a été trouvé dans le bulbe olfactif de l'animal 20% des particules de graphite ou de manganèse inhalées. Il y a de fortes présomptions qu'il en soit de même chez l'homme (Ostiguy et al, 2008).

---

[4] *Épithéliales sont des cellules des tissus qui recouvrent les surfaces de l'organisme vers l'extérieur (peau, muqueuses des orifices naturels) ou vers l'intérieur (cavités du cœur, du tube digestif, etc.), ou qui constitue des glandes.*
[5] *Interstitium pulmonaire, désigne le tissu conjonctif, qui soutient les axes broncho-vasculaires, les cloisons inter-lobulaires, le tissu sous-pleural et les cloisons inter-alvéolaires.*
[6] *Mucociliaire C'est un système de petits cils (5 à 10 microns de longueur) qui battent « en cadence », tels des rameurs d'aviron, au rythme de 20 battements par minute ; à chaque mouvement, l'objet avance comme sur un tapis roulant. L'ensemble de ce système constitue le tapis mucociliaire.*
[7] *Le système lymphatique est l'un des éléments les plus importants du système immunitaire. Il protège l'organisme contre les maladies et les infections. Il se compose d'une série de petits vaisseaux, les vaisseaux lymphatiques. Ceux-ci sont reliés à tous les organes et contiennent la lymphe, un liquide qui transporte les lymphocytes dans l'organisme. Les lymphocytes sont un type de globules blancs qui aident à combattre les infections. Leur maturation se fait dans le thymus et la moelle osseuse. Ils sont transportés dans l'organisme par la circulation sanguine et le système lymphatique.*
[8] *Macrocytaire Est un mécanisme qui permet à certaines cellules l'ingestion de particules solides à éliminer de l'organisme (des bactéries, des parasites, des champignons, des poussières, des débris cellulaires, des cellules abîmées ou âgées, des cellules tumorales...).*
[9] *Axone, ou fibre nerveuse, correspond au prolongement long, mince et cylindrique du corps cellulaire d'un neurone qui conduit de manière centrifuge les potentiels d'actions vers les zones synaptiques. Au sein du système nerveux central, les axones se regroupent en faisceaux ou tractus, ailleurs ils forment les nerfs.*
[10] *Olfaction ou Odorat est le sens qui permet d'analyser les substances chimiques volatiles (odeurs) présentes dans l'air.*

1.4.1.1 Comportement des particules après déposition dans le système respiratoire

Les voies aériennes constituent une barrière plus importante que la région alvéolaire. En effet, dans les voies aériennes, l'épithélium est protégé par une couche visqueuse de mucus, alors que dans la région alvéolaire, la barrière entre les alvéoles et les capillaires est très fine. Après leur déposition, les particules semblent transloquer facilement vers des sites extra-pulmonaires et atteignent alors différents organes cibles.

Plusieurs mécanismes ont été identifiés :

- la transcytose[11] à travers l'épithélium[12] du système respiratoire dans l'interstitium, ce qui permet d'atteindre le système sanguin directement ou par les lymphatiques et conduit à la distribution de ces nanomatériaux dans tout l'organisme ;
- le passage par les nerfs sensitifs présents dans l'épithélium des voies aériennes, puis la translocation axonale vers les ganglions[13] et les structures du système nerveux central.

1.4.1.2 Les effets des particules après exposition par inhalation

La toxicologie pulmonaire des particules est fondée sur deux méthodologies d'administration : l'instillation[14] intra-trachéale ou l'inhalation. Du mode d'exposition peuvent dépendre les sites d'action des polluants ainsi que la nature de la réponse toxicologique. Il est très important de prendre en compte le mode d'exposition de l'appareil respiratoire lors d'une analyse de la littérature.

---

[11] *Transcytose est le processus par lequel les diverses macromolécules sont transportés à travers l'intérieur de la cellule*
[12] *Épithélium est un tissu constitué de cellules étroitement juxtaposées, sans interposition de fibre ou de substance fondamentale.*
[13] *Nom donné à divers organes arrondis situés sur les filets nerveux ou les vaisseaux lymphatiques.*
[14] *Action d'introduire goutte à goutte une substance médicamenteuse dans une cavité naturelle de l'organisme*

1.4.1.3 Études toxicologiques des Nanotubes de carbone

Lam et al (2004) ont exposé des souris aux nanotubes de carbone mono-feuillet (SWCNT) à différentes concentrations par installation intra-trachéale (avec comme témoins une exposition au noir carbone ainsi qu'au quartz dans les mêmes conditions). Les poumons des animaux exposés aux nanotubes de carbone présentent des granulomes épithélioïdes[15] dont le nombre augmente en fonction du temps et de la dose. À l'opposé, l'exposition aux particules témoins entraîne des effets pathologiques mineurs (noir de carbone) ou moyens (quartz). Les résultats de cette expérience indiquent donc que les nanotubes seraient plus toxiques que le noir de carbone et le quartz dans les poumons. De la même façon, Warheit et al. (2004) ont montré l'apparition de granulomes[16] dans les poumons de rats exposés aux SWCNT par installation intra-trachéale. Shvedova et al. (2005) ont montré que des SWCNT instillés chez la souris induisent une réponse inflammatoire pulmonaire aiguë associée à une réponse fibrosante[17] retardée. Une réponse pulmonaire inflammatoire et fibrosante a été retrouvée dans la seule étude menée in vivo avec des nanotubes de carbone multi-feuillet (MWCNT), par Muller et al (2005).

Ces auteurs ont aussi montré la présence de granulomes deux mois après l'installation initiale de MWCNT en intra-trachéal chez le rat. De façon intéressante, ils ont comparé les effets des nanotubes avec ceux de l'amiante (chrysolite), et ainsi démontré qu'à dose égale, l'amiante induit une plus grande toxicité respiratoire. Cependant, tous les paramètres mesurés pour les nanotubes n'ont pas été évalués en réponse à l'amiante, ce qui limite l'étendue de la comparaison.

---

[15] *Agrégats de cellules phagocytaires se formant autour des nanotubes, des grandes cellules caractéristiques de l'hypersensibilité granulomatose.*
[16] *Granulomes nom donné à de petites tumeurs rondes, formées de tissu conjonctif très vasculaire, et infiltrées de cellules polymorphes.*
[17] *Fibrose est la transformation fibreuse de certains tissus à l'origine d'une augmentation du tissu conjonctif (tissu de soutien et de remplissage).*

14

1.4.1.4 Études toxicologiques des particules inorganiques

Comme cité précédemment, Oberdörster et al. (1994) et aussi Ferin et al. (1992) ont observé une augmentation significative de paramètres de l'inflammation pulmonaire lors de l'administration de particules de TiO_2 de 20nm en comparaison avec la même masse de particules de 250 nm. Cependant, plusieurs études sur le développement d'applications bio-pharmacologiques mettent en évidence une diminution de la toxicité générale ou de la cytotoxicité[18] de l'or colloïdal (Hainfeld et al, 2004 ; Paciotti et al, 2004), du sélénium (Zhang et al, 2005) ou de trioxyde d'arsenic (Zhou et al, 2005) en formulations particules ultrafines, en comparaison avec les formes particules fines.

1.4.2   Particules et appareil digestif

Dans le domaine de la pharmacie, de nombreux travaux ont été effectués soit pour obtenir un effet de bio-adhésion et améliorer la biodisponibilité orale de certains médicaments, soit pour développer de nouveaux vaccins par ciblage des plaques de Peyer[19] de l'intestin. Cette voie d'entrée se fait essentiellement par les vaisseaux lymphatiques. Localement, les nanoparticules déclenchent un processus inflammatoire (Muller et al, 2005).

1.4.2.1 Comportement des particules dans l'appareil digestif

Les intestins sont une zone d'échange avec le milieu extérieur. Des molécules de petite taille peuvent passer à travers la muqueuse de l'estomac. Les particules nanométriques peuvent se retrouver dans le système gastro-intestinal après avoir été ingérées, par exemple si elles sont contenues dans des aliments, de l'eau ou bien si elles sont utilisées dans des cosmétiques, voire en tant que vecteurs de médicaments. Elles peuvent également accéder au système gastro-intestinal après déglutition lorsqu'elles sont inhalées. En effet, les particules

---

[18] *Cytotoxicité est la propriété qu'a un agent chimique ou biologique d'altérer des cellules, éventuellement jusqu'à les détruire.*
[19] *Amas de cellules lymphatiques que l'on trouve dans l'intestin grêle et qui pourraient jouer un rôle dans le fonctionnement du système immunitaire.*

ultrafines inhalées qui se déposent sur l'arbre trachéobronchique sont piégées dans le mucus qui tapisse la paroi des voies aériennes et transportées dans ce mucus vers la cavité oropharyngée par le mouvement mucociliaire. Il est bien démontré que des particules de taille micrométrique peuvent subir une translocation de la lumière intestinale à travers l'épithélium soit via le tissu lymphatique intestinal (les plaques de Peyer, qui contiennent des macrophages spécialisés- les cellules M), soit à travers les cellules épithéliales intestinales, les entérocytes[20] (Hoet et al, 2004). Cette translocation dépend des propriétés physico-chimiques des particules.

Il est ainsi probable que des particules de taille nanométrique peuvent subir également une translocation intestinale et ainsi gagner la circulation systémique. Par exemple, Wang et al. (2004) ont montré que des nanotubes de carbone mono-feuillet administrés par gavage chez la souris se sont distribués dans la majorité des organes et tissus, à l'exception du cerveau. Dans une autre étude par ingestion, faite chez la souris, Hillyer et Albrecht (2001) ont démontré la captation des nanoparticules d'or colloïdal non conjuguées de 4, 10, 28 et 58 nm par les entérocytes en maturation des villosités[21] du petit intestin. Cet effet était inversement proportionnel à la dimension des nanoparticules. Les nanoparticules étaient retrouvées dans le cerveau, les poumons, le cœur, les reins, les intestins, l'estomac, le foie et la rate.

Wang et al. (2005) ont montré que l'administration orale de particules ultrafines de Zn entraînait la mort de certains animaux en raison d'une obstruction de la lumière digestive secondaire à la formation d'agrégats de particules ultrafines. Ce phénomène n'était pas observé avec des particules de la même composition, mais de taille micrométrique. Zhang et al. (2005) ont observé moins d'altérations de la fonction hépatique chez des souris ayant ingéré des nanoparticules de sélénium (Nano-Se), comparativement à celles à qui on avait administré du séléniure de sodium non nanoparticulaires.

---

[20] *Cellule faisant partie de l'épithélium de revêtement recouvrant l'intérieur de l'intestin.*
[21] *Petites saillies (léger relief ayant la forme de fines franges) couvrant le petit intestin et donnant à ce lui-ci un aspect velu (apparaissant comme recouvert de poils).*

16

1.4.3   Particules et peau

L'importance d'une pénétration percutanée éventuelle des particules ultrafines tient à la surface considérable de la peau. Plusieurs facteurs influencent une éventuelle pénétration cutanée des particules :

- la taille ;
- les propriétés de surface ;
- l'élasticité et la plasticité des particules. Les particules organiques, qui sont plus élastiques peuvent pénétrer plus facilement en se déformant, contrairement aux particules minérales ;

La peau est une barrière importante avec l'environnement. Elle est constituée de trois couches : l'épiderme, le derme et l'hypoderme. L'épiderme est une barrière assez épaisse de 10µm (Figure 1.3). La pénétration des particules est principalement du à l'existence de pores, de follicules pileux[22], la présence de sueur, ou d'altérations de la peau à la suite d'irradiations (coup de soleil), ou de pathologies cutanées.

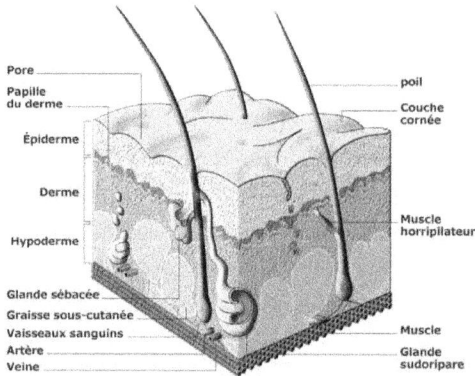

Figure 1.3   Schéma montre la structure de la peau (CNRS, 2012)

---

[22] *Follicule pileux est une structure particulière de la peau qui produit le poils en assemblant des cellules produites dans le follicule par kératinisation. Toute la peau en contient, à l'exception des paumes des mains et des plantes des pieds.*

1.4.3.1 Étude toxicologique des Nanotubes de carbone après exposition cutanée

Huczko et Lange (2001) ont étudié les effets de l'exposition aux nanotubes de carbone sur la peau et les yeux. L'application d'un filtre saturé d'une solution contenant des nanotubes n'a pas causé d'irritation ou d'allergie chez des volontaires. L'instillation oculaire d'une suspension aqueuse de nanotubes chez des lapins n'a pas causé d'irritation. Manna et al. (2005) ont trouvé des effets cytotoxiques (diminution et effet antiprolifératif) sur une lignée de kératinocytes[23] humains exposés à des nanotubes mono-feuillet resuspendus dans du diméthyle foraminé (solvant). En plus d'une diminution de la prolifération cellulaire, ils ont montré la présence d'un stress oxydant avec activation de différentes voies de signalisation intracellulaire (NFkB et mitogen activated protein kinases). Des données similaires concernant la cytotoxicité et le rôle du stress oxydant avaient été décrites par Shvedova et al (2003).

1.4.3.2 Étude toxicologique des particules inorganiques après exposition cutanée

Des questions se posent au sujet de l'utilisation de nanoparticules pour les cosmétiques. Le dioxyde de titane, par exemple, peut être un constituant de produits de protection solaire du fait de sa transparence à la lumière visible et de ses propriétés d'absorption et de réflexion des ultraviolets. L'oxyde de fer est un constituant de base de certains produits comme les rouges à lèvres, bien qu'en Europe, seules des tailles de particules supérieures à 100 nm sont utilisées. Des études sur l'absorption d'oxyde de titane (TiO_2) entre 10 et 20 nm par voie cutané sont révélé un risque de toxication faible (Lademann et al, 1999 ; Schulz et al, 2002). Plus récemment, Gamer et al. (2006) ont examiné chez le porc le passage à travers la peau de solutions contenant 10% de nanoparticules de ZnO non enrobées ou 10% de nanoparticules de TiO_2 enrobées avec de la methicone (composition chimique naturel) ou de la methicone et du SiO_2. Ce type de composition est similaire à celle retrouvée dans les filtres solaires. Les

---

[23] *Kératinocytes sont des cellules constituant 90 % de la couche superficielle de la peau (épiderme) et des phanères (ongles, cheveux, poils, plumes, écailles). Ils synthétisent la kératine (kératinisation), une protéine fibreuse et insoluble dans l'eau, qui assure à la peau sa propriété d'imperméabilité et de protection extérieure.*

résultats de ce travail ne montrent pas de passage des différentes nanoparticules à travers la couche cornée de la peau. Ces travaux concernent un modèle dans lequel les cosmétiques sont appliqués sur une peau non-endommagée. Par exemple, Tinkle et al. (2003) ont montré que des mouvements répétés de la peau (flexion du poignet) facilitent la pénétration dans le derme de particules fluorescentes de 1 µm de diamètre par rapport à une peau immobile. L'existence d'un tel mécanisme pouvant faciliter la pénétration à travers la peau de nanoparticules inorganiques devrait être explorée.

Les études les plus nombreuses ont été consacrées aux crèmes antisolaires contenant du dioxyde de titane ou de l'oxyde de zinc, capables d'absorber les rayons ultraviolets pour protéger la peau. Le dioxyde de titane procure une protection excellente contre les UVB mais seulement partielle contre les UVA. L'oxyde de zinc est associé au dioxyde de titane parce qu'il est plus efficace sur l'atténuation de ces dernières radiations. Il faut rappeler que le dioxyde de titane, sous ses deux formes cristallines (anatase ou rutile) est un des meilleurs semi-conducteurs, catalyseur par photosensibilité de la dégradation de polluants organiques par production de radicaux libres. Tous les facteurs ci-dessus énoncés n'ont pas fait l'objet d'études complètes. Cependant la plupart des auteurs estiment que les nanoparticules ne pénètrent pas dans le derme, même par les follicules pileux. Néanmoins, si ce résultat est vraisemblable en ce qui concerne la peau saine, une prudence s'impose pour une peau sensible, surtout si elle est le siège d'une irradiation avec coups de soleil, ou de toute autre pathologie. L'industrie du vêtement développe de nouveaux produits comportant des nanoparticules destinés à agir sur la peau et ses sécrétions ; en outre, l'usage des cosmétiques se banalise pour une grande partie de la population. Aussi faut-il souligner combien il est regrettable que malgré des aménagements, il demeure extrêmement difficile d'étudier sur l'animal les mécanismes de la toxicité cutanée éventuelle des nanoparticules. L'emploi actuel de peau artificielle laisse beaucoup de paramètres inexplorés. L'étude de la toxicité in vitro ne remplacera jamais les essais chez l'animal, qui, seuls, permettent de confronter les nano vecteurs avec des barrières biologiques fonctionnelles, que ce soit les épithéliums cutanés ou muqueux, ou les endothéliums.

1.4.4   Particules et voies oculaires

La majorité de la pénétration intra oculaire des nanoparticules se fait par voie transcornéenne ; la voie transconjonctivale et transsclérale n'est observée que pour les molécules hydrophiles de haut poids moléculaire. La pénétration peut se faire par voie transcellulaire après internalisation des particules dans le cytoplasme[24]. Dans la partie postérieure de l'œil, les nanoparticules ciblent plus spécifiquement les cellules de l'épithélium pigmentaire rétinien[25] et les particules de taille inférieure à 200 nm traversent les couches rétiniennes. Les études réalisées portent essentiellement sur des médicaments et des marqueurs et non des nanoparticules (Bloch, 2008).

1.4.5   Particules et barrière hémato-encéphalique

La barrière hémato-encéphalique[26] protège l'encéphale de substances diverses présentes dans la circulation sanguine. L'existence de la barrière sang-cerveau a été démontrée dans les années 60 ; elle apparaît comme un phénotype cellulaire, unique dans l'organisme, provoquant une perméabilité restreinte aux solutés. Cette barrière comporte plusieurs types cellulaires (astrocytes[27], cellules endothéliales[28] et péricytes[29]) ; elle est caractérisée par l'existence de jonctions intercellulaires serrées, par l'expression polarisée de ses transporteurs, et par une biochimie qui commence à être bien connue. Les nanoparticules de franchir cette barrière, et actuellement utilisés pour apporter des médicaments au cerveau, sont habituellement composés de co-polymères de polyhexadecylcyanoacrylate-co-polyethylèneglycol (PEG-PHDCA), ou d'albumine cationique conjuguée au

---

[24] *Compartiment cellulaire limité par la membrane plasmique.*
[25] *La rétine est la membrane qui tapisse la face interne de l'œil et qui contient les cellules permettant aux rayons lumineux d'être captés puis transformés en influx nerveux pour gagner le cerveau. Cette membrane très mince et transparente est en contact par sa face arrière avec la choroïde. Ce contact se fait grâce à un tissu appelé épithélium pigmentaire qui assure l'irrigation des cellules photo réceptrices constituant la rétine. La face antérieure de la rétine est en contact direct avec le corps vitré, qui est le gel remplissant la chambre postérieure de l'œil, c'est-à-dire la partie la plus volumineuse du globe oculaire.*
[26] *La barrière hémato-encéphalique est une barrière de vaisseaux sanguins et de cellules qui ralentit le débit sanguin vers le cerveau*
[27] *Les astrocytes sont des cellules gliales de forme étoilée que l'on trouve généralement dans le cerveau et plus généralement dans le système nerveux central*
[28] *Cellules endothéliales c'est des cellules très spécialisées. Elles sont polygonales et sont reliées par des jonctions serrées. Les jonctions serrées peuvent être perméables à des macromolécules spécifiques, qui sont alors transportées à travers la couche endothéliale.*
[29] *Les péricytes sont les cellules qui forment la tunique externe des capillaires artériels, veineux ou lymphatiques.*

20

polyéthylèneglycol, utilisés comme vecteurs de gènes à transfecter dans les cellules cérébrales (Bloch, 2008).

1.4.6   Particules et rein

La question de l'excrétion des nanoparticules par le rein ou le foie a été peu étudiée. On connaît les facteurs commandant la perméabilité de la barrière glomérulaire (cellules endothéliales[30], lame basale[31], pédicelles[32]). Il est vraisemblable que, comme pour les protéines, la taille, la charge électrique et la forme jouent un rôle essentiel, et que peu de nanoparticules puissent être éliminées telles quelles par voie rénale. C'est la raison pour laquelle il est nécessaire d'avoir recours à des matériaux biodégradables pour la conception de nano médicaments. Le devenir dans le néphron[33] des nano-objets qui seraient filtrés est également inconnu. De nombreuses études restent à faire. On doit rappeler ici encore que cette question ne peut pas être traitée de façon globale, mais que chaque composé doit être examiné séparément (Bloch, 2008).

1.4.7   Toxicité cellulaire des particules

Les effets des nanoparticules ont été étudiés sur des cultures cellulaires, en particulier les pneumocystoses[34], les hépatocytes[35], les fibroblastes[36] et les cellules tubulaires rénales. Les nanoparticules sont habituellement phagocytées[37], cette étape étant suivie de la production de formes actives de l'oxygène, anion super-oxyde, peroxyde d'hydrogène et radical hydroxyle. Ces dérivés de l'oxygène sont toxiques par eux-mêmes ou après combinaison avec le monoxyde d'azote pour former des peroxynitrites. Ils sont à l'origine d'un processus

---

[30] *Cellules endothéliales est la couche la plus interne des vaisseaux sanguins, celle en contact avec le sang.*
[31] *Lame basale est un assemblage de protéines et glycoprotéines extracellulaires sur laquelle repose les cellules épithéliales. Elle permet l'adhérence de la cellule épithéliale au tissu conjonctif sous-jacent.*
[32] *Cordon nerveux reliant deux organes*
[33] *Le néphron est une unité microscopique du rein qui est constituée d'un glomérule et d'un tubule. Le néphron est l'unité fonctionnelle du rein, responsable de la purification et de la filtration du sang.*
[34] *Les pneumocystoses sont des cellules qui tapissent l'intérieur des alvéoles pulmonaires.*
[35] *Les hépatocytes sont les cellules du foie.*
[36] *Fibroblastes sont des cellules présentent dans le tissu conjonctif.*
[37] *Phagocytées sont soit des cellules en désintégration, soit des bactéries, soit des granules divers en suspension.*

inflammatoire par activation du facteur de transcription NFkB[38] qui commande la synthèse de cytokines[39] et chimiokines[40]. Le processus inflammatoire est suivi d'une phase de production accrue de matrice extracellulaire conduisant à la fibrose. L'organisme lutte, bien souvent avec succès, contre ce stress oxydant, dès son origine et par divers moyens. Mais il existe un niveau d'exposition à partir duquel il est dépassé. Cependant ce seuil est mal connu ; il est variable d'un sujet à l'autre, et la définition d'un degré d'exposition sans risque est très difficile.

Le devenir des nanoparticules dans l'organisme est assez bien connu. Par exemple, la distribution et les voies de métabolisation et d'excrétion des nanoparticules à base de polyalkylcyanoacrylate ou de polyacide lactiquecoglycolique sont bien connues ; de même pour certains liposomes[41]. Ce sont ces données qui ont permis de démarrer les essais cliniques. Les composés organiques peuvent être dégradés selon des voies métaboliques propres à leur structure. Suivent-ils le sort des xénobiotiques[42] comme les médicaments faisant intervenir les cytochromes hépatiques[43] restent conjecturaux. Il est vraisemblable que quelques composés organiques non ou peu dégradables et les composés faits d'oxydes ou de sels de métaux s'accumulent. Après avoir été opsonisés dans le plasma, c'est-à-dire recouverts d'IgG (*Immunoglobulines*), de fibronectine[44] et d'éléments activés du complément, ils sont phagocytés[45] par les macrophages[46], et vont se déposer dans les organes de stockage (foie, reins, poumons…) où ils pourraient conduire au développement de tumeurs et, aussi, à une fibrose progressive aboutissant à l'insuffisance fonctionnelle. En

---

[38] *Nuclear Factor-kappa B est une protéine de la super-famille des facteurs de transcription impliquée dans la réponse immunitaire et la réponse au stress cellulaire.*
[39] *Cytokines sont des substances solubles de communication synthétisées par les cellules du système immunitaire ou par d'autres cellules et/ou tissus, agissant à distance sur d'autres cellules pour en réguler l'activité et la fonction.*
[40] *Chimiokines sont une famille de petites protéines solubles 8-14 kilodaltons. Leur fonction est l'attraction (chimiotactisme) et le contrôle de l'état d'activation des cellules du système immunitaire.*
[41] *Vésicule lipidique artificielle (dont la membrane est constituée d'une ou plusieurs bicouches de lipides) qui possède la capacité à encapsuler et protéger, par exemple, des protéines ou du matériel génétique.*
[42] *Xxénobiotique est une substance qui est étrangère à l'organisme*
[43] *Cytochromes hépatiques sont des coenzymes intermédiaires de la chaîne respiratoire*
[44] *Fibronectine est un maillon-clés de l'adhérence des cellules à la matrice extracellulaire*
[45] *Phagocytés sont des cellules pouvant ingérer et détruire des particules de taille variable (de l'échelle nanométrique à micrométrique), qui sont par exemple des microbes, des cellules altérées, des tissus sanguins ou des particules étrangères à l'organisme.*
[46] *Macrophages sont des cellules infiltrant les tissus.*

conséquence, toute nouvelle nanoparticule doit bénéficier d'études de longue durée chez l'animal avant sa diffusion dans le public (Bloch, 2008).

1.5   Aspect santé - sécurité au travail

Les particules fines et ultrafines font partie des technologies incontournables du 21 siècle. De nombreux produits de grande consommation (cosmétiques, peintures, textiles, etc.) font déjà appel à ces technologies ou contiennent des particules fines et ultrafines. De nouvelles applications apparaissent presque tous les jours. Sur le thème de la santé au travail, une nouvelle problématique est apparue concernant le risque lié à l'exposition à des particules fines et ultrafines dispersées dans l'air. Certaines particules ne sont pas produites volontairement, mais apparaissent indirectement, notamment lors de processus de combustion ou lors de processus de coupe. Par exemple les procédés émettant des particules fines et ultrafines sont nombreux parmi eux les procédés thermiques (combustion, fusion, soudage, chauffage de polymères…), les procédés de coupe et montage (fraisage, tournage, rodage…), les procédés utilisant le laser (découpe, nettoyage…) et les émissions des moteurs.

En effet, ce n'est que depuis quelques années qu'une recherche spécifiquement dédiée à ce problème de toxicité a été entreprise. Aussi, la question des effets biologiques des particules fines et ultrafines, et en particulier celle de leur danger pour la santé, n'est pas entièrement résolue (Charron, 2006). Ces dernières années, le nombre d'études, de brevets et de publications scientifiques sur les particules fines et ultrafines a considérablement augmenté du fait de leur forte utilisation dans divers domaines. La Figure 1.4 montre le pourcentage de publication sur les nanoparticules durant les 30 dernières années. On remarque que le nombre de publication concernant la toxicité des nanoparticules est négligeable par rapport au nombre total de publications.

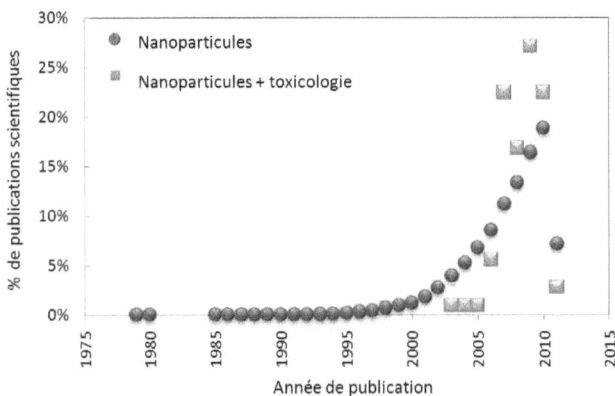

Figure 1.4 Nombre de publications comportant le mot toxicologie et nanoparticules relevé sur le site de ISI Web of Knowledge

Comme c'est le cas pour toutes les substances, la toxicité des particules fine et ultrafines dépend en grande partie de leurs concentrations. On ne dispose pas de travaux expérimentaux et épidémiologiques relativement nombreux concernant les dangers des particules fines et ultrafines, en revanche on ne dispose que de peu d'études animales évaluant ceux des nanoparticules manufacturés, notamment à long terme. Ces dangers sont à l'origine d'un risque, lorsque l'organisme a épuisé ses moyens de défense (Charron, 2006).

Ces dernières années, le nombre d'études, de brevets et de publications scientifiques sur les nanoparticules a considérablement augmenté du fait de leur forte utilisation dans divers domaines. Comme c'est le cas pour toutes les substances, la toxicité des nanoparticules dépend en grande partie de leur concentration. On ne dispose pas assez de travaux expérimentaux et épidémiologiques concernant les dangers des particules ultrafines. On ne dispose aussi que peu d'études animales évaluant ceux des nanoparticules manufacturés, notamment à long terme. Bien que les produits qui composent les poussières engendrées par l'usinage soient nombreux, les réactions de l'organisme à l'exposition à ces produits correspondent à une gamme relativement large de symptômes. La gravité de ces symptômes à la suite d'une inhalation de ces poussières dépend du degré d'exposition. Cette exposition dépend à son tour de :

- la quantité de poussières dans l'air (concentration massique dans l'air) ;
- la quantité de poussières inhalées, qui dépend de la fréquence respiratoire et de la durée de l'exposition.

Compte tenu des ambiguïtés sur la toxicité des particules fines ou ultrafines, un comportement prudent doit être adopté, afin de limiter au maximum l'exposition des travailleurs. Par exemple, la mise en œuvre de moyens de contrôle et de prévention adaptés. La gravité des symptômes attribuables à l'inhalation de poussières fait office d'indice clinique de l'exposition aux éléments connus (tels ceux identifiés par l'Académie des Sciences) de même qu'à des éléments inconnus présents dans des alliages utilisés dans l'industrie. La toxicité des principaux métaux (Pb, Hg, Cd, As, Al, Li, Co, Cr, Cu, Ni, Se, V et Zn) est décrite en insistant sur leur action à long terme, la plupart d'entre eux étant des poisons cumulatifs (Belabed, 1994; Lauwerys, 2007). La toxicité de ces métaux et de leurs dérivés est connue depuis très longtemps. Si l'intoxication est devenue rarissime, les effets à long terme de petites doses longtemps répétées sont d'actualité. Ce qui suit présentent une synthèse des effets majeurs par inhalation sur la santé mis en évidence pour les matériaux considérés (Poey, 2000; Pommery, 1985).

Aluminium (Al)

Une exposition chronique aux poussières d'alumine peut entraîner une pneumoconiose, voire une granulomatose en cas d'exposition massive.

Cadmium (Cd)

Il présente une toxicité chronique due à l'inhalation régulière de poussières en milieu industriel ou à l'ingestion répétée de boissons ou aliments contaminés (Japon : maladie Itaï-Itaï).

Chrome (Cr):

L'action cancérogène des chromates au niveau bronchique est connue depuis plus de 30 ans. En milieu industriel, l'atteinte est surtout cutanée et pulmonaire.

- le soudage de l'acier inoxydable contenant du Cr^{6+} est responsable de l'asthme professionnel ;
- le Cr^{6+} traverse la peau, se transforme en Cr^{3+} qui se lie à une protéine donnant ainsi un antigène provoquant des allergies de contact (bracelet, textiles verts...) ;
- le chromage électrolytique a été accusé d'excès de cancers surtout pulmonaires.

Cuivre (Cu)

La toxicité de cuivre se traduit chez les soudeurs par la fièvre des fondeurs, une décoloration de la peau et des cheveux. Il a également été décrit des lésions pulmonaires (poumons des vignerons) résultant de l'exposition répétée à la bouillie bordelaise (surtout signalée au Portugal).

Cobalt (Co)

Le Co est le principal responsable d'une fibrose pulmonaire causée par les métaux dits durs (Cr, W, Co, Be...) retrouvées surtout chez les métallurgistes. Le Cobalt et ses sels ont des propriétés sensibilisantes de type allergique (maçons, céramistes, peintres, industries du textile et du Cu). Cette sensibilisation est souvent associée à celle due au Ni et/ou au Cr. Dans les années 1960-1970, au Canada, aux États-Unis et en Belgique ont été décrits de nombreux cas de cardiomyopathie associée à une polyglobulie chez de grands buveurs de bière traitée au Co (agent moussant). La fréquence de la mortalité a atteint 50% dans certaines de ces études. Ce type de fabrication a été abandonné.

Nickel (Ni)

Les principales manifestations du nickel sont :

- une dermite appelée gale du Ni : c'est un eczéma allergique ;
- une irritation des voies respiratoires avec parfois asthme ou bronchite ;
- des cancers des bronches et des cavités nasales.

Sélénium (Se)

On retrouve le sélénium essentiellement dans l'industrie ou la toxicité est due surtout à SeO_2 et SeO_2Cl_2 absorbes par voie pulmonaire. Les principaux symptômes sont :

- une dermite parfois accompagnée d'allergie ;
- une action irritante sur les yeux, le nez, les poumons ;
- ces signes s'accompagnent de troubles digestifs, de transpiration excessive, d'odeur alliacée, de l'haleine, de perte des cheveux et des ongles.

Vanadium (V)

La toxicité du vanadium se traduit par une inflammation des voies respiratoires supérieures avec parfois de l'asthme, une réduction de la capacité respiratoire vitale, toux et expectoration. Une coloration noirâtre de la langue (signe d'alerte), parfois des réactions eczématiformes.

Zinc (Zn)

La toxicité du zinc manifeste par la formation au niveau bronchique de complexes Zn-protéines dénaturées passant dans la circulation sanguine qui entrainerait des réactions pyrogèniques se traduisant par :

- une importante hyperthermie (40 °C) avec frissons ;
- des douleurs articulaires et thoraciques ;
- des dyspnées, des nausées et des vomissements ;
- de la confusion mentale, des hallucinations, et des convulsions ;
- d'autres vapeurs métalliques (Sb, As, Cd, Co, Fe, Pb, Ni, Hg...) provoquent parfois plus rarement cette fièvre des fondeurs.

1.6   Conclusion :

Les nanoparticules ont des structures complexe et variable. Les modalités de leurs effets biologiques ne sont pas encore complètement élucidées. Mais leurs risques potentiels apparaissent d'autant moins acceptables à certains, qu'à leurs yeux ces risques sont la conséquence d'une activité commerciale qui ne profite qu'à quelques-uns (les fabricants), mais dont les produits mettraient à leur insu leurs utilisateurs en danger : le drame de l'amiante est la référence qui, au nom du principe de vigilance, motive leurs appels à divers moratoires (Travail & sécurité, 2005). Les connaissances actuelles des effets toxiques des particules microniques et submicroniques manufacturées sont relativement limitées. Néanmoins, les données disponibles indiquent que certaines particules insolubles peuvent franchir les différentes barrières de protection, se distribuer dans le corps et s'accumuler dans plusieurs organes, essentiellement à partir d'une exposition respiratoire ou digestive.

CHAPITRE 2

PRINCIPES ET MÉTHODES DE MESURES DES AÉROSOLS

2.1   Introduction

Les particules constituant un milieu aérosol peuvent présenter des formes très variables. Cette variabilité n'existe pas pour les particules liquides que l'on peut assimiler à des sphères. En revanche, la morphologie des particules solides dépend, à la fois, de la nature du matériau qui les constitue et du mécanisme qui les a produit. En fait, à l'exception de particules produites par condensation et solidification d'une vapeur, on ne rencontre que rarement des particules solides sphériques. Généralement, les scientifiques décrivent les dimensions des particules à l'aide d'une seule grandeur appelée diamètre équivalent ou caractéristique. Ce diamètre ne correspond à la réalité physique de la particule que si celle-ci est sphérique. La variété morphologique complique la description des caractéristiques des particules du milieu aérosol. De surcroît, il est rare de rencontrer qu'un seul type de morphologie pour un même milieu. Le diamètre équivalent peut être défini à partir de procédés d'imagerie des particules, mais, souvent, on le définit en se basant sur les propriétés dynamiques des particules. On utilise principalement deux définitions pour le diamètre caractéristique (Figure 2.1) :

- diamètre aérodynamique: c'est le diamètre de la particule sphérique de densité 1g/cm^3 qui a la même vitesse terminale de chute de la particule réelle ;
- diamètre de Stockes: c'est le diamètre de la particule sphérique de densité identique à celle de la particule réelle qui a la même vitesse de chute que celle-ci.

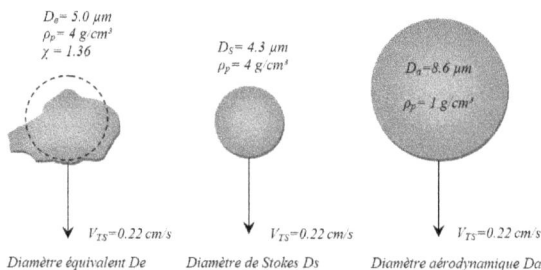

$D_e = 5.0\ \mu m$
$\rho_p = 4\ g/cm^3$
$\chi = 1.36$

$D_S = 4.3\ \mu m$
$\rho_p = 4\ g/cm^3$

$D_a = 8.6\ \mu m$
$\rho_p = 1\ g/cm^3$

$V_{TS} = 0.22\ cm/s$ $V_{TS} = 0.22\ cm/s$ $V_{TS} = 0.22\ cm/s$

Diamètre équivalent De   *Diamètre de Stokes Ds*   *Diamètre aérodynamique Da*

Figure 2.1   Différents diamètres caractéristiques des particules, tirée de Hinds (1999a)

2.2   Métriques recommandées pour les particules ultrafines

La mesure des particules fines et ultrafines constitue un sujet important dans la maitrise et la caractérisation des aérosols. Deux informations sont nécessaires pour obtenir le spectre de taille d'un échantillon d'aérosol: la taille et la concentration des particules. En dehors de la concentration, l'information de la taille réelle des particules est d'une importance fondamentale. La mesure de la taille des particules inférieures au micron est très difficile par les méthodes optiques couramment employées (diffusion de Mie), voir impossible pour des tailles inférieures à 100 nm. Les métriques d'exposition pouvant être utilisé pour l'exposition aux particules fines et ultrafines sont: la concentration en nombre (particules/cm³), la concentration en masse (μg/m³) et la concentration en surface (nm²/cm³). Cela présente les seules métriques disponibles à ce jour pour les différentes techniques et méthodes de mesure dans l'air.

2.2.1   Concentration numérique

Cette quantité est le nombre de particules par unité de volume du gaz porteur (particules/cm³). Un milieu aérosol est par définition un milieu ou la concentration numérique est élevée (C^N). L'air est considéré propre s'il contient moins de 1000 particules par cm³, par contre l'air pollué contiendra 10^5 voire plus de particules par cm³ (IOS ; 2007).

2.2.2 Concentration massique

Cette quantité est définie comme la masse m des particules suspendues dans un volume V rapportée à la mesure de ce volume. Ce volume est la somme du volume du gaz V_G et du volume occupé par les particules V_P. Dans la pratique, ce dernier est négligeable et donc la concentration massique C^M peut être exprimée par :

$$C^m = m/V = m/\left(V_G + V_p\right) \cong m/V_G \tag{2.1}$$

2.2.3 Concentration surfacique

Une des caractéristiques d'un milieu aérosol est la très grande surface d'échange qui existe entre les particules et le gaz porteur. Cette grande surface de matériau dispersé sous forme d'aérosol favorise les échanges thermiques ou chimiques entre les particules et le gaz qui les entourent. La concentration surfacique C^S est définie comme la surface S des particules suspendues dans un volume V rapportée à la mesure de ce volume.

$$C^S = S/V = S/\left(V_G + V_p\right) \cong S/V_G \tag{2.2}$$

La métrique utilisée classiquement en santé et sécurité du travail est la concentration en masse. Les études toxicologiques dévoilent que, pour une même masse de produit, les effets inflammatoires pulmonaires sont plus élevés avec des particules nanométriques qu'avec des particules de taille supérieure suggérant ainsi que la masse n'est pas une métrique pertinente (Ferin, 1992; Oberdörster, 1994). La concentration en surface et la concentration en nombre s'avèrent plus appropriées que la concentration en masse (Oberdörster, 2005; 2007; Sager, 2009). Dans une structure nanométrique, le nombre d'atomes réactifs en surface augmente par rapport au nombre total d'atomes de la particule, ce qui explique la plupart des changements des propriétés des particules (Sager, 2009).

32

Pour pouvoir être étudiées, toutes les propriétés impliquent une métrologie multiple tout à fait nouvelle. La définition de tous les paramètres qui caractérise ces particules doit être admise par l'ensemble de la communauté scientifique internationale. Mais elle fait depuis plusieurs années l'objet de nombreux débats internationaux d'abord, parce que techniquement, les problèmes à résoudre sont peut-être aussi nombreux qu'il y a de catégories de particules et des paramètres à évaluer. Ensuite, parce que des raisons commerciales de secret de fabrication ont freiné, au moins à leurs débuts, ces efforts de rationalisation métrologique à l'échelle mondiale (Momas, 2004).

L'évolution des particules ultrafines dans l'air sera déterminée par un mécanisme inter-particulaire appelé coagulation. Le mécanisme est dû au mouvement relatif des particules qui entrent en collision puis restent groupées sous l'effet des forces d'adhérence pour former des particules plus grosses. Les particules dans l'air en contact les unes avec les autres, adhèrent entre elles, formant des agglomérats. Ces particules restent agglomérées sous l'effet de forces cohésives et surtout sous l'effet des forces de Van Der Waals qui empêchent l'agglomérat de se rompre. En conséquence, des particules individuelles mises en suspension vont former des agglomérats et dans certaines conditions peuvent se séparer à nouveau. À la différence des agrégats, leurs particules sont fortement liées, et se séparent difficilement. Le mécanisme de coagulation mène à une décroissance continue de la concentration en nombre de particules associée à une augmentation de la taille moyenne des particules formant l'aérosol. Aussi, l'existence de particules ultrafines est certaine à proximité immédiate de la source. Cette présence sera bien moins certaine au-delà d'une certaine distance et d'un certain temps de transfert. Par conséquent, si la concentration en nombre de particules ultrafines constitue une métrique pertinente concernant les effets sur la santé, la persistance dans l'air des particules entre le ou les points d'émission et d'inhalation devient un paramètre critique pour l'évaluation du risque. Il paraît cependant pertinent de conserver une mesure de la concentration en masse pour différentes raisons (Afsset, 2008):

- toutes les conventions et valeurs limites d'exposition professionnelle sont exprimées en concentration massique ;

- la mesure de la concentration massique des aérosols nanométriques permet de garder un lien avec les données d'exposition aux aérosols en général ;
- sous réserve que la distribution granulométrique des aérosols soit bien déterminée et reste stable dans le temps, la mesure de la concentration massique peut être utilisée en substitut de la mesure de la surface spécifique ;
- la masse conserve un intérêt pour les particules ultrafines solubles qui sont rapidement solubilisées dans les liquides biologiques et transférées du poumon vers la circulation sanguine. Leur caractéristique de surface cesse alors de s'exprimer.

2.3   Grandeurs caractéristiques des particules

À une échelle infinitésimale, les propriétés des éléments et des matériaux diffèrent de celles qu'ils sont susceptibles d'avoir à une plus grande échelle. Ces modifications majeures dans le comportement des particules sont attribuables non seulement à l'altération des caractéristiques des particules résultant de la diminution progressive de leur taille, mais aussi à l'apparition de phénomènes complètement nouveaux. On parle de grandeurs caractéristiques d'un système pour faire référence à une grandeur qui représente le système à son échelle (classification en fonction des paramètres principaux, comportement collectif, grandeurs caractéristiques, échelle temporelle et spatiale). Ensuite, on se sert de comparaisons entre grandeurs caractéristiques pour faire des approximations valables.

2.3.1   La loi de Fick

Dans un gaz, les particules vont se déplacer des régions de fortes concentrations vers les régions de faibles concentrations, suivant deux lois de diffusion appelées lois de Fick, de sorte que la concentration devienne homogène dans tout le volume gazeux. Ce mouvement, appelé mouvement brownien, n'est généralement pris en compte que pour les particules inférieures à 1μm de diamètre. La première loi de Fick donne le flux Φ (pendant l'unité de temps à travers l'unité de surface) par:

$$\vec{\phi} = -D_i \overrightarrow{grad}C \qquad (2.3)$$

D_i caractérise le coefficient de diffusion et C la concentration.

La seconde loi de Fick, qui fait intervenir le temps t dans un espace tridimensionnel (x,y,z), s'écrit:

$$\partial C / \partial t = D_i \nabla^2 C \qquad (2.4)$$

Le mouvement brownien est le mouvement irrégulier d'une particule d'aérosol dans l'air immobile. Il est dû au gradient d'équilibre qui tend à homogénéiser le nombre des particules dans les molécules de gaz. La diffusion est le transport net de ces particules dans un gradient de concentration. Le coefficient de diffusion D_i (m² s⁻¹) caractéristique d'une particule est le coefficient de proportionnalité entre le flux de particules Φ et le gradient de concentration. La relation d'Einstein donne l'expression de ce coefficient de diffusion D_i par:

$$D_i = K\,T\,B \qquad (2.5)$$

Où K est la constante de Boltzmann (1,38 10⁻²³ J K⁻¹), T est la température absolue, B est la mobilité dynamique définie pour un milieu donné par le rapport de la vitesse à la force appliquée à la particule :

$$B = v_p / F \qquad (2.6)$$

D'où l'expression du coefficient de diffusion :
- Domaine continu (loi de Stokes) :

$$D_i = KT / \left(6\pi R_p \mu \right) \qquad (2.7)$$

- Domaine intermédiaire (loi de Stokes corrigée)

$$D_i = \left(KT / \left(6\pi R_p \mu \right) \right) C_C \qquad (2.8)$$

- Domaine moléculaire

$$D_i = KT\lambda_p \big/ \big(3.66\pi R_p \mu\big)$$ (2.9)

2.3.2 La loi de Stokes

L'équation de Newton est un cas particulier dans lequel les effets visqueux de l'air peuvent être négligés par rapport aux effets d'inertie (R_e important). En fait, comme les vitesses d'air et les dimensions des particules sont généralement faibles, la plupart des mouvements particulaires ont lieu pour des nombres de Reynolds faibles. Stokes a obtenu analytiquement une expression de la résistance de l'air, considéré comme fluide incompressible, sur une particule sphérique, à partir des équations de Navier-Stokes dans les conditions suivantes :

- régime permanent ;
- en l'absence de forces appliquées au fluide ;
- pour $R_e \ll 1$.

$$F_D = 6\pi R_p \mu v_p$$ (2.10)

2.3.3 La vitesse de sédimentation

La vitesse de sédimentation ou vitesse limite de chute, v_p, d'une particule est atteinte lorsque la force de résistance aérodynamique (force de traînée de Stokes F_D, équation 2.10) équilibre son poids. La force de gravité F_g s'exerçant sur la particule considérée comme sphérique s'exprime de la manière suivante:

$$F_g = \tfrac{4}{3}\pi R_p^3 \left(\rho_p - \rho_g\right) g$$ (2.11)

La vitesse de sédimentation v_p d'une particule de diamètre D_p est déduite de l'égalité de F_D avec F_g, soit:

$$v_p = D_p^2 g \left(\rho_p - \rho_g\right)\big/ 18\mu$$ (2.12)

L'expression (2.12) peut s'écrire sous la forme :

$$v_p = \tau g \qquad (2.13)$$

Où τ représente le temps de relaxation de la particule dans un milieu donné et g l'accélération due à la pesanteur.

Généralement, la masse volumique ρ_g du gaz est négligeable devant celle de la particule, et l'équation (2.12) devient:

$$\tau = D_p^2 \rho_p / 18\mu \qquad (2.14)$$

Dans le domaine intermédiaire, la formule de Stokes doit être corrigée par le coefficient C_C de Millikan-Cunningham :

$$F_D = 6\pi R_p \mu v_p / C_C \qquad (2.15)$$

D'où :

$$\tau = D_p^2 \rho_p C_C / 18\mu \qquad (2.16)$$

2.3.4   Le nombre de Knudsen

On caractérise la continuité du milieu à l'aide d'un nombre sans dimension, appelé le nombre de Knudsen. Ce nombre est défini par le rapport entre le libre parcours moyen λ_p et le rayon d'une particule R_p:

$$K_n = \lambda_p / R_p \qquad (2.17)$$

Il permet de distinguer trois types de comportement des aérosols:

- le domaine continu correspondant à $K_n \ll 1$, loi de Stokes ;
- le domaine intermédiaire correspondant à $K_n \approx 1$;
- le domaine moléculaire correspondant à $K_n \gg 1$.

2.3.5 Le libre parcours moyen

Comme pour les molécules d'un gaz dont le libre parcours moyen correspond à la distance moyenne parcourue par la molécule entre deux collisions, le libre parcours moyen d'une particule correspond à la distance parcourue par la particule avant qu'elle ne change de direction ou que sa vitesse moyenne (vitesse moyenne d'agitation) suivant une direction donnée devienne nulle. Le libre parcours moyen d'une particule est défini comme suite :

$$\lambda_p = v_m \tau \qquad (2.18)$$

τ est le temps de relaxation d'une particule et v_m la vitesse moyenne d'agitation.

Quelque soit le diamètre de la particule, le libre parcours moyen reste quasi constant, ce qui fait de ce paramètre une des caractéristiques des aérosols.

2.3.6 Le facteur de correction de Cunningham

Dans le régime de Stokes ($K_n \ll 1$) nous considérons que la vitesse du fluide est égale à zéro à la surface de la particule. Cette hypothèse devient inexacte pour le cas de particules petites dont la taille s'approche du libre parcours moyen du gaz. C'est-à-dire que l'espace libre entre les molécules de gaz est comparable à la taille de la particule. Pour prendre en compte cette erreur, Cunningham a développé pour la loi de Stokes un coefficient permettant de corriger la valeur de la force de traînée :

$$C_C = 1 + \left(2\lambda_p / D_p \right) \left(1.257 + 0.4 e^{-0.55 D_p / 2\lambda_p} \right) \qquad (2.19)$$

Dans l'expression du coefficient de Cunningham, λ_p est le libre parcours moyen d'une molécule du gaz. Ce coefficient est toujours supérieur à 1 et ainsi tend à diminuer la valeur de la force de traînée selon la taille de particule :

$$\overrightarrow{F_D} = 3\pi\mu\left(\overrightarrow{u_f} - \overrightarrow{u_p}\right) D_p \Big/ C_C \qquad (2.20)$$

La variation de la valeur de C_C est présentée sur la Figure 2.2 :

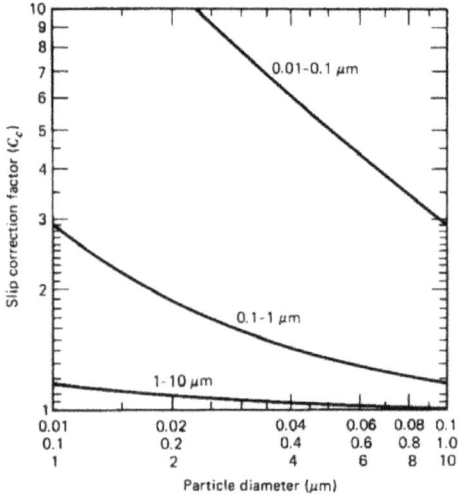

Figure 2.2   Coefficient de Cunningham à 20 °C et à la pression atmosphérique, tirée de Hinds (1999a)

Lorsque $K_n \approx 1$, soit $R_p \approx 6,4\times10^{-8}$ m, les dimensions des vides intermoléculaires et des particules étant comparables, le milieu ne peut plus être considéré comme continu. On utilise alors la formule de Millikan-Cunningham (Renoux, 1998a) :

$$C_C = 1 + \alpha K_n + \beta K_n e^{-\gamma/K_n} \qquad (2.21)$$

Où α, β et γ sont trois constantes adimensionnelles dont la valeur varie selon les auteurs (Tableau 2.1).

Tableau 2.1   Constantes adimensionnelles α, β et γ selon différents auteurs

Auteurs	α	β	γ
Davies (1945)	1,257	0,400	0,55
Perrin (1980)	1,25	0,42	0,87
Millikan (1923)	1,209	0,406	0,893
Allen et Raabe (1982)	1,105	0,400	0,596
Buckley et Loyalka (1989)	1,155	0,471	0,596
Rader (1990)	1,207	0,440	0,78

2.3.7   Collision des particules et rebond sur les parois

Lorsqu'une particule entre en collision avec une surface, l'énergie cinétique de la particule est convertie en énergie de déformation (la particule se déforme ainsi que la surface) et en énergie de rebond (Sandu, 1999). Si cette énergie de rebond est supérieure à l'énergie d'adhésion (énergie nécessaire pour vaincre la force d'adhésion) alors la particule rebondit sur la surface. Plus la vitesse de la particule est élevée, plus les déformations de la surface et de la particule sont importantes. La force d'adhésion devient également plus élevée. La probabilité qu'une particule rebondisse est proportionnelle à la dureté du matériau, à la taille de la particule et à sa vitesse de collision. Deux approches existent pour prendre en compte le phénomène de rebond : la première consiste à déterminer la valeur limite pour l'énergie d'adhésion ou bien l'énergie cinétique et la deuxième consiste à définir une vitesse critique v_c, au dessus de laquelle le rebond a lieu. Cette vitesse v_c s'écrit (Sandu, 1999):

$$v_c = \beta / D_a \qquad (2.22)$$

Où : D_a est le diamètre aérodynamique et β est la constante qui dépend de la géométrie, de la nature des matériaux de la particule et de la paroi.

L'énergie cinétique E_c nécessaire pour qu'une particule rebondisse est donnée par (Dahneke, 1971):

$$E_C = D_p A \left(1 - e_r^2 \right) \Big/ 2x_s e_r^2 \qquad (2.23)$$

Où : x_s est la distance de séparation, A la constante de Dahneke et e_r le coefficient de restitution

2.4   Instruments de mesure

Plusieurs techniques existent pour la mesure de tailles des particules fines et ultrafines. Elles permettent de classer les particules en fonction de leur diamètre aérodynamique, la concentration massique ou numérique et l'émission photo-électrique. Parmi celles-ci on peut citer le MOUDI (*Micro-Orifice Uniform Deposit Impactor*), l'ELPI (*Electrical Low Pressure Impactor*), les batteries de diffusion (*DBs*) et l'ATOFMS (*Aerosol Time of Flight Mass Spectrometer*) et le SMPS (*Scanning Mobility Particle Sizer*).

2.4.1   ELPI (Electrical Low Pressure Impactor)

Développé en 1992 par Keskinen, l'ELPI classe les particules en fonction de leur diamètre aérodynamique et comporte 12 étages différents. En combinant le principe de détection électrique avec la taille, l'instrument peut déterminer les spectres d'aérosols dans la gamme de taille de 0,030-10 µm. Une couronne est utilisée pour charger unipolairement les particules entrant. Le flux d'aérosol est introduit à travers des impacteurs en cascade à basse pression là où les particules sont collectées dans les différents étages en fonction de leur diamètre aérodynamique. Chaque impacteur est lié à un électromètre sensible et le courant électrique produit par les particules recueillies est relié à la concentration en nombre. La distribution de taille de l'aérosol est obtenue en combinant la lecture de chaque étage d'impaction. L'ELPI peut détecter des concentrations de particules de 10^2 à 10^8 particules par cm^3 pour les gammes plus petites et 10^{-1} à 10^3 particules par cm3 pour les particules plus grandes. Le principal avantage de l'ELPI est les particules dans les différents étages d'impaction peuvent être collectées sur des substrats pour l'analyse microscopique ou des mesures supplémentaires de leur masse et de leur composition.

2.4.2   MOUDI (Micro-Orifice Uniform Deposit Impactor)

Le MOUDI utilise les mêmes principes que l'ELPI pour classer les particules. Il utilise dix impacteurs tournants en cascade, où les particules se déposent pour une analyse ultérieure et sont classées selon leur diamètre aérodynamique. Les diamètres aérodynamiques des particules varient de 56 nm à 10 microns. Pour des diamètres inférieurs à 56 nm les mesures peuvent être faites avec le Nano-MOUDI qui utilise la même technique à basse pression. Pour les particules solides une couche de graisse ou d'huile est utilisée sur les étages pour accroître l'efficacité de collecte bien que cela doit être fait de façon délicate afin que la performance de l'instrument ne soit pas perturbée. En général, le MOUDI est un instrument qui a le potentiel de fournir une grande quantité d'informations sur les particules (taille et distribution, la composition, morphologie).

2.4.3   Batteries de diffusion (DBs)

Les Batteries de diffusion (*DBs*) séparent les particules d'aérosol en fonction de leur diffusivité. Dans un *DBs*, le flux d'aérosol passe à travers un système de tubes où les particules à plus faible taille que le seuil de la diffusivité pénètrent tandis que le reste précipite sur les parois de l'appareil. Ensuite, le flux d'échantillon diffusé est transféré à un compteur de particules pour mesurer la concentration en nombre à chaque étape. Lorsque plusieurs compteurs de particules sont utilisés simultanément pour mesurer la concentration de particules de différents niveaux des batteries de diffusion, le temps de réponse sera très lent et coûteux. Pour résoudre ce problème, Fierz a utilisé un *DBs* combiné avec un chargeur unipolaire et un ensemble de quatre électromètres pour effectuer des mesures en temps réel (Fierz, 2002). Les batteries de diffusion sont couramment utilisées pour mesurer les particules inférieures à 100 nm. Quoique, le développement des méthodes avancées de la mobilité électrique au cours des dernières années ait réduit l'utilisation des batteries de diffusion pour mesurer les spectres de diffusion (puisque celle-ci ont une résolution de taille faibles et ont besoin de données assez complexes 'algorithmes d'inversion' pour convertir les

42

lectures des distributions de taille). Un autre inconvénient de *DBs* est l'exigence d'un entretien fréquent.

2.4.4 NanoMet (Nanoparticle Measuring Technique)

Le NanoMet est un instrument à réponse rapide. Contrairement à la plupart des instruments d'aérosols, le NanoMet classifie les particules d'aérosol avant leur chargement et détection. La classification des particules est accomplie par trois étapes différentes. Au départ, les particules passent par un orifice de 2,5 micron de diamètre, afin de filtrer les grosses particules. Ensuite, une centrifugeuse élimine les particules supérieures à 200 nm, et enfin, le flux d'aérosols passe à travers un étage de quatre batteries de diffusion. Une fois que les particules sont sélectionnées par les trois étapes de classement, le débit est partagé sur deux capteurs différents (le premier capteur utilise un chargeur de diffusion unipolaire, le deuxième est un capteur de particules photo-électrique). Les deux capteurs utilisent un électromètre et les mesures sont ensuite utilisées pour le calcul de la concentration des particules et les propriétés du matériau de la particule.

2.4.5 Épiphaniomètre (EPI)

Le premier instrument développé pour mesurer la surface active d'un aérosol est l'épiphaniomètre (Gäggeler, 1989): son nom venant du grec epiphania désignant la surface d'un corps (partie visible externe). Son fonctionnement repose sur la fixation d'atomes radioactifs de plomb (^{211}Pb) sur les particules, suivie d'une mesure de la radioactivité portée par les particules collectées sur un filtre. Bien qu'il ait une limite de détection très basse, cet instrument est peu utilisé, du fait du temps d'intégration nécessaire aux mesures et de l'utilisation d'une source radioactive d'actinium 227 pour produire les atomes de plomb. Cette technique est relativement complexe et bien qu'elle soit sensible, sa résolution temporelle est faible (environ 5 min). L'appareil se compose d'une chambre de réaction et un détecteur de rayonnement.

2.4.6   Détecteur électrique d'aérosol (EAD)

Le Détecteur électrique d'aérosol (EAD) est similaire à l'épiphaniomètre, mais il utilise des ions au lieu d'espèces radioactives pour attacher les ions sur les particules d'aérosol et un électromètre au lieu d'un détecteur de rayonnement pour détecter les particules chargées et un gaz positivement ionisé par une couronne est utilisé pour charger unipolairement les particules entrant. L'aérosol chargé issu de la chambre de mélange à travers un port latéral est mesuré par un électromètre à cage de Faraday. L'EAD peut être utilisé pour des estimations rapides de la surface active de l'aérosol.

2.4.7   ATOFMS (Aerosol Time of Flight Mass Spectrometer)

L'ATOFMS se compose de quatre parties principales: l'entrée d'échantillon, la partie de mesure de l'aérosol, la partie d'ionisation, et l'analyseur spectromètre de masse. L'entrée de l'échantillon est de grande importance pour le spectromètre de masse, car elle doit produire un étroit faisceau de particules de l'aérosol. Une fois que le faisceau de particules est formé, la taille des particules est déterminée par des techniques de mesure aérodynamique. La vitesse des particules est évaluée en mesurant le temps de transit entre deux faisceaux laser. Les particules plus grosses se déplacent plus lentement que les plus petites et le temps de vol mesuré est utilisé pour déterminer la taille de chaque particule. Ensuite, les particules pénètrent dans une enceinte de spectrométrie de masse où une impulsion laser ionise les composés de l'aérosol. Enfin, les ions générés sont analysés.

2.4.8   SMPS (Scanning Mobility Particle Sizer)

Le SMPS est l'un des instruments les plus couramment utilisés pour mesurer les spectres des aérosols dans la gamme de taille 3 à 1000 nm. L'instrument se compose de trois parties principales: le chargeur de particules, la colonne de classification, et le système de détection des particules (Figure 2.3).

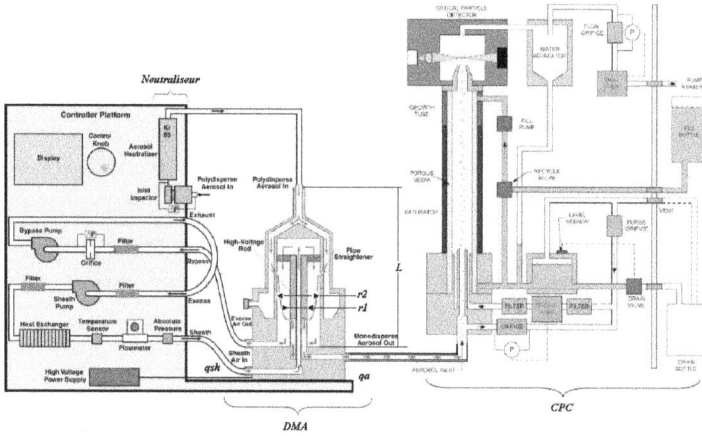

Figure 2.3   Présentation schématique de SMPS
Tirée de TSI (2006)

L'échantillonnage se fait à travers un impacteur. Les particules avec une grande inertie finissent leur parcours par une impaction sur une plaque. Les plus petites particules avec faible inertie évitent tout contact avec la plaque et sortent de l'impacteur suivant la ligne d'écoulement formée à 90° (Figure 2.4). La taille aérodynamique des particules résultant de l'impaction est appelée le diamètre de coupure (TSI, 2006).

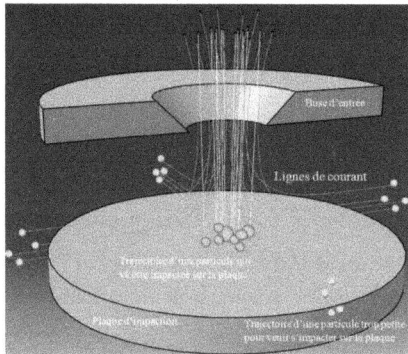

Figure 2.4   Présentation schématique de l'impacteur

Le diamètre de coupure D_{50} est en fonction du débit et du diamètre de la buse d'entrée de l'impacteur (Figure 2.4).

$$D_{50} = \sqrt{9\pi S_{tk}\mu W^3 / 4\rho_p C_C Q} \tag{2.24}$$

Où:

D_{50} : Diamètre de coupe de la particule (cm) ;

S_{tk} : Nombre de Stokes (0,23) ;

ρ_p : Densité de la particule (g/cm^3) ;

Q : Débit volumétrique (cm^3/s) ;

C_C : Facteur de correction de Cunningham ;

W: Diamètre de la buse d'entrée de l'impacteur (cm) ;

μ: Viscosité dynamique de l'air (1,832x10-5 Pa s).

La charge électrique portée par les particules est un paramètre important, car elle peut fortement influencer son évolution. En effet, les forces électrostatiques sont souvent largement supérieures aux autres forces exercées sur les particules. Or la plupart des aérosols d'origine naturelles ou artificielles sont électriquement chargés, les mécanismes de chargement étant très diversifiés. On peut citer, par exemple la friction, la pulvérisation, la diffusion d'ions, l'émission thermo-ionique ou photoélectrique ou bien l'émission de fragments chargés dans le cas des aérosols radioactifs. Dans l'air, la méthode la plus commune pour créer des petits ions positifs et négatifs est l'utilisation de sources radioactives. En effet, lors d'une désintégration α, β ou γ le transfert d'énergie du rayonnement dans l'échantillon, permet l'ionisation d'un nombre considérable de particules (Knoll, 1989). Après leur création dans le gaz, les ions vont évoluer de différentes façons. La concentration des ions viennent se fixer sur les particules d'aérosols et ainsi les charger électriquement. Cette fixation peut être en fonction de différents types d'interactions entre les ions et les particules : la diffusion brownienne, l'attraction électrostatique ou bien la force due à l'image électrique de l'ion. Ces phénomènes sont décrits par un coefficient de fixation des ions sur l'aérosol b (m^3 s^{-1}), défini par:

46

$$b = \varphi / n_\infty \qquad (2.25)$$

Où φ représente le flux d'ions sur la surface d'une particule (s^{-1}) et n_∞ la concentration d'équilibre des ions dans le milieu (m^{-3}).

En présence d'un aérosol fortement concentré, la fixation des ions sur les particules peut devenir le mécanisme dominant leur disparition. Le SMPS utilise un chargeur radioactif bipolaire pour neutraliser les particules entrant. Les particules sont chargées sous l'influence d'un champ d'ions générés par une source radioactive de ^{85}Kr pour satisfaire l'équilibre de Boltzmann. Dès 1940, Lissowski suggère que la répartition des charges d'un aérosol exposé à des ions bipolaires s'effectue suivant une loi normale, en s'appuyant sur les mesures de la charge électrique d'un nuage de gouttelettes d'huile exposées à des ions bipolaires (Lissowski, 1940). C'est en 1959 que Keefe et al, évoquent la loi de distribution de Boltzmann pour décrire la répartition exponentielle des charges électriques sur un aérosol. En supposant que l'aérosol est en équilibre électrique et thermodynamique avec les ions, les auteurs proposent d'inclure l'énergie électrostatique des particules dans la loi de distribution de Boltzmann (Keefe, 1959). Appelons δE la différence entre l'énergie potentielle d'une particule neutre et celle d'une particule portant N charges élémentaires (cette énergie correspond en fait à l'énergie électrostatique de la particule chargée). Le principe d'équipartition de l'énergie de Boltzmann permet d'écrire (Keefe, 1959):

$$C_N / C_0 = e^{-\delta E / k.T} \qquad (2.26)$$

Avec :

$$\delta E = N^2 e^2 / 8\pi\varepsilon_0 R_p \qquad (2.27)$$

Où C_N représente la concentration de particules portant N charges élémentaires (m^{-3}), C_0 la concentration de particules neutres (m^{-3}), k la constante de Boltzmann, T la température (°K), R_p le rayon de la particule (m), e la charge élémentaire (C) et δE l'énergie électrostatique de la particule (J).

Nous pouvons mettre la relation (2.26) sous la forme d'une loi normale centrée sur zéro et d'écart type σ, ce qui donne :

$$C_N/C_t = \left(1/\sqrt{2\pi\sigma^2}\right) e^{-N^2/2\sigma^2} \tag{2.28}$$

Avec :

$$\sigma^2 = 4\pi.\varepsilon_0\left(kTR_p/e^2\right) \tag{2.29}$$

Où $C_t = \Sigma N.C_N$ représente la concentration totale de l'aérosol (m^{-3}) et σ l'écart type de la distribution (nombre de charges élémentaires).

Nous remarquons que cette loi ne tient pas compte des différences de propriétés des ions bipolaires. Elle décrit une répartition symétrique des charges sur l'aérosol, conduisant à une charge électrique globalement nulle. Toutefois, (Keefe, 1959) a montré que cette loi est en bon accord avec les résultats expérimentaux obtenus par (Nolan, 1948). Cette forme de la loi de Boltzmann est pourtant critiquée par (Fuchs, 1963), qui remet en question l'hypothèse d'équilibre thermodynamique. En effet, Fuchs considère que la charge électrique de l'aérosol en milieu bipolaire ne résulte pas d'un état d'équilibre, mais d'un état stationnaire des flux d'ions sur les particules, puisque les ions fixés sur l'aérosol ne peuvent pas être ensuite arrachés. À la même époque, (Pollak, 1962) a montré que la loi de Boltzmann n'est pas applicable pour les particules de très petits diamètres ($D_p < 0.03$ µm). De nombreuses études ont été conduites en physique des aérosols pour rechercher le fondement de cet équilibre. Malgré ces controverses, la loi de Boltzmann reste très utilisée du fait de sa simplicité. Plusieurs études montrent qu'il est également possible d'utiliser cette loi pour décrire la distribution des charges sur des aérosols composés de fibres ou bien d'agglomérats de particules, pourvu qu'on utilise un diamètre équivalent approprié (Rogak, 1992; Wen, 1984).

Il n'existe pas de relation unique pour déterminer la distribution des charges électriques d'un aérosol. Il existe plusieurs théories applicables suivant le diamètre de l'aérosol, principalement le modèle de (Fuchs, 1963) pour les aérosols ultrafins et les modèles de

(Gunn, 1955) ou de (Clement, 1992) pour les aérosols de diamètre supérieur à 0.1 µm. Afin de disposer d'une relation unique sur l'ensemble du domaine, (Wiedensohler, 1988a) a établi une relation empirique à partir du modèle de Fuchs. Les fabricants utilisent le modèle proposé par Wiedensohler pour prédire la distribution de charge dans le neutraliser. La fonction de charge $F_N(D_p)$ d'une particule représente la probabilité que cette particule, de diamètre D_p, porte N charges. La fonction de charge selon le nombre de charges considéré (Wiedensohler, 1988a) dans le régime transitoire peut être exprimée comme:

$$F(N) = 10^{\left[\sum_{i=0}^{4} a_i(N)(\log D_p)^i\right]} \tag{2.30}$$

$F(N)$: probabilité que cette particule, de diamètre D_p, porte N charges
D_p : Diamètre de la particule (m)

Les coefficients d'approximation $a_i(N)$ sont présentés dans le Tableau 2.2:

Tableau 2.2   Constantes utilisées dans la fonction de charge

$a_i(N)$	$N=-2$	$N=-1$	$N=0$	$N=1$	$N=2$
a_0	-26.3328	-2.3197	-0.0003	-2.3484	-44.4756
a_1	35.9044	0.6175	-0.1014	0.6044	79.3772
a_2	-21.4608	0.6201	0.3073	0.4800	-62.8900
a_3	7.0867	-0.1105	-0.3372	0.0013	26.4492
a_4	-1.3088	-0.1260	0.1023	-0.1556	-5.7480
a_5	0.1051	0.0297	-0.0105	0.0320	0.5049

Pour la fraction de particules portant 3 charges ou plus, la fonction de charge est exprimée comme:

$$F(N) = \frac{e}{\sqrt{4\pi^2 \varepsilon_0 D_p kT}} exp \left(\frac{-\left[N - \frac{2\pi\varepsilon_0 D_p kT}{e^2} ln\left(\frac{Z_{i+}}{Z_{i-}} \right) \right]^2}{2.\frac{2\pi\varepsilon_0 D_p kT}{e^2}} \right)$$

(2.31)

Avec :

e : Charge élémentaire ($1,6 \times 10^{-19}$ C) ;

ε_0 : Constante diélectrique ($8,85 \times 10^{-12}$ farad/m) ;

k : Constante de Boltzmann ($1,38 \times 10^{-23}$ J/K) ;

T : Température (K) ;

Z_i^+/Z_i^- : Rapport des mobilités des ions qui est égale à 0,875 (Wiedensohler, 1986).

La Figure 2.5 montre les fractions de particules mono-chargées et bi-chargées en fonction du diamètre des particules. La différence entre la fraction des particules chargées positivement et les particules chargées négativement est due à la plus grande mobilité des ions négatifs dans le gaz.

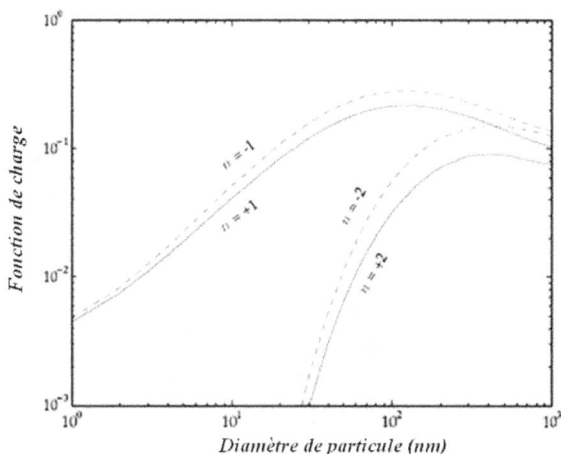

Figure 2.5   Distribution bipolaire de charge dans l'air en fonction de la taille des particules
Tirée de Wiedensohler (1988b)

On distingue aussi qu'à chaque mobilité électrique, correspond quatre particules de diamètres de mobilité électrique différents et portant respectivement 1, 2, 3 et 4 charges. S'il existe peu de grosses particules dans l'échantillon, il n'est pas nécessaire de faire une correction de charges multiples. Pour le classificateur à mobilité électrique qui été développé à l'origine pour étudier les ions atmosphériques (Erikson, 1921; Zeleny, 1898; 1900; 1929), la technique a été rapidement reconnue comme la plus efficace pour la classification des particules ultrafines (Hewitt, 1957; Knutson, 1976; Rohmann, 1923; Whitby, 1966). L'échantillon d'aérosol prélevé à travers l'impacteur passe tout d'abord par un neutraliseur afin d'obtenir un état de charge moyen nul et une distribution de charges de l'aérosol connue.

L'aérosol pénètre ensuite dans l'analyseur différentiel de mobilité (DMA), qui classe les particules en fonction de leur mobilité électrique. Le DMA se compose de deux électrodes coaxiales avec une tige intérieure maintenue à une tension négative contrôlée et un tube extérieur étant électriquement relié à la terre. L'état de charge de chaque particule étant connu et dépendant directement de sa taille, on connaît donc la mobilité électrique de chaque particule qui dépend notamment de sa charge et de son diamètre. L'électrode centrale balaye dans le temps une gamme de tension électrique. A chaque valeur de tension correspond une certaine mobilité électrique des particules et donc un certain diamètre. On peut donc prélever par un orifice calibré une taille de particules unique correspondant à une tension donnée de l'électrode centrale (TSI, 2006). Comme le montre la Figure 2.6, l'anneau d'entrée de l'aérosol est étroit pour uniformiser la distribution des particules dans l'écoulement principal du DMA, qui est maintenu laminaire, pour assurer une grande résolution du classificateur.

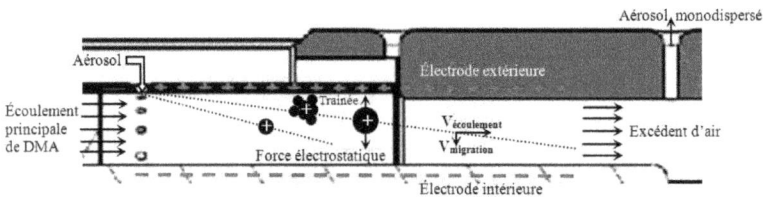

Figure 2.6   Schéma de l'analyseur de mobilité différentielle (DMA)

La mobilité dynamique des particules est un paramètre permettant de caractériser le mouvement d'un aérosol soumis à un champ de forces extérieures. Ce paramètre est utilisé lorsque la vitesse de la particule est proportionnelle à la force qui agit sur elle, suivant la relation :

$$\overrightarrow{v_p} = B\overrightarrow{F} \tag{2.32}$$

Où v_P représente la vitesse de la particule en m s^{-1}, B la mobilité dynamique de la particule exprimée en m s^{-1}N^{-1} et F la force en N.

La mobilité dynamique est couramment utilisée pour caractériser la sédimentation d'un aérosol dans une enceinte. En effet, lorsque les particules sont soumises à la force de pesanteur, elles atteignent rapidement une vitesse limite de chute dans l'air. Pour un nombre de Reynold faible ($R_e < 1$), en utilisant la loi de Stokes, l'expression de la mobilité dynamique est la suivante :

$$B = \frac{C_C}{3\pi\mu D_p} \tag{2.33}$$

Avec :

$$C_C = 1 + K_n + \left(1.257 + 0.4e^{-0.55/K_n}\right) \tag{2.34}$$

$$\mu = \mu_r \left(T_r + S/T + S\right)\left(T/T_r\right)^{3/2} \tag{2.35}$$

$$\lambda_p = \lambda_r \left(P_r/P\right)\left(T/T_r\right)\left(1 + \left(S/T_r\right)/1 + \left(S/T\right)\right) \tag{2.36}$$

Où: C_C représente le coefficient de correction de Cunningham, μ la viscosité dynamique du fluide (μ=1,832x10^{-5} Pa s pour l'air dans les conditions STP), D_p le diamètre de la particule (m) et K_n Le nombre de Knudsen défini à l'équation (2.17). Ce nombre permet de caractériser le régime continu ou moléculaire des interactions entre le gaz et les particules. S est une constante de Sutherland (K), T la température (K), T_r la température de référence (K).

La mobilité électrique est utilisée pour caractériser le mouvement d'un ion ou d'une particule chargée dans un champ électrique. La vitesse de dérive de la particule dans un champ électrique est donnée par la relation :

$$\overrightarrow{v_p} = Z_p \overrightarrow{E} \tag{2.37}$$

Avec :
$$Z_p = NeB \tag{2.38}$$

Soit :

$$Z_p = \frac{NeC_C}{3\pi\mu_v D_p} \tag{2.39}$$

Où v_p représente la vitesse de la particule (m s), Z_p sa mobilité électrique (m^2 V^{-1} s^{-1}), E le champ électrique (V m^{-1}), N le nombre de charges élémentaires portées par la particule et e la charge élémentaire ($1,6\times10^{-19}$ C).

La relation de mobilité électrique souligne bien le fait que la mobilité électrique est d'autant plus importante que le diamètre de la particule est faible. Cette méthode est donc particulièrement adaptée aux particules submicroniques. Pour une particule sphérique nous pouvons parler d'un diamètre réel de mobilité électrique en revanche, pour des particules dont la forme est plus complexe, il convient plutôt de parler de diamètre équivalent de mobilité électrique. Ce diamètre correspond alors au diamètre de la sphère de mobilité électrique équivalente à la particule considérée. Knutson a déterminé la relation entre les paramètres du classificateur et la mobilité électrique (Knutson, 1975). La relation de la mobilité électrique Z_p est donnée comme suite :

$$Z_p = \left(q_{sh}/2\pi VL\right)ln\left(r_2/r_1\right) \tag{2.40}$$

Où :

q_{sh}: Débit d'air propre dans le DMA (Sheath air) ;

r_2: rayon de l'électrode extérieur (Figure 2.3) ;

r_1: rayon de l'électrode intérieur (Figure 2.3) ;

V: tension moyenne sur l'électrode intérieure du collecteur (Volts) ;

L: longueur entre la sortie et l'entrée de l'aérosol.

Et la bande passante est donnée par :

$$\Delta Z = \left(q_a / q_{sh} \right) Z_p \qquad (2.41)$$

Où : q_a est le débit de l'aérosol dans l'analyseur différentielle de mobilité.

Une particule se déplace dans un champ électrique selon sa mobilité électrique Z_p qui est une fonction du diamètre de la particule. On peut établir une relation directe entre le champ électrique imposé par l'électrode intérieur et le diamètre des particules qui en sortira (TSI, 2006). En combinant les deux équations (2.39) et (2.40), on obtient une relation qui relie le diamètre de la particule à la tension, et au nombre de charges, au débit, et à la géométrie de DMA:

$$\frac{D_p}{C_C} = \frac{2 N e \overline{V} L}{3 \mu q_{sh} \, ln \left(r_2 / r_1 \right)} \qquad (2.42)$$

Où :

N: le nombre de charges élémentaires portées par la particule ;

e: la charge élémentaire ($1,6 \times 10^{-19}$ C) ;

C_C : Facteur de correction de Cunningham.

Après la sortie de l'échantillon mono-dispersé du classificateur DMA, l'aérosol mono-dispersé se dirige vers un compteur de particules qui mesure la concentration en nombre des particules. Deux principales techniques de mesure et de détection des particules dans les analyseurs de mobilité existent (optique et électrique). Le SMPS utilisé dans ce travail emploi un compteur de particules de condensation (UWCPC), qui utilise la technique optique pour la détection des particules. Ce compteur se compose de trois parties principales: le tube de saturation, le tube de condensation et le système de détection optique (Figure 2.7).

54

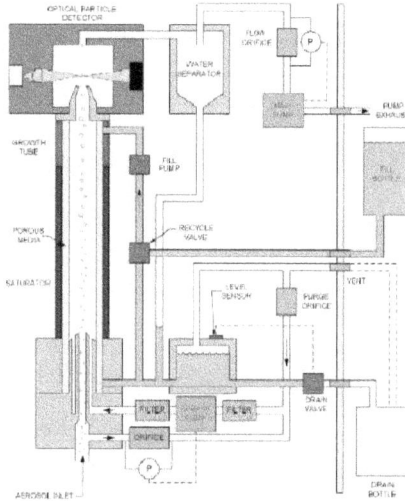

Figure 2.7   Schéma représentatif de principe de fonctionnement d'UWCPC
Tirée de TSI (2006)

Le compteur de particule détecte en continu des particules de 2,5 à 3000 nanomètres de diamètre. Ce compteur peut mesurer des concentrations jusqu'à 10^7 particules/litre. Il répond rapidement à un changement de concentration (TSI, 2006). Ce compteur peut fonctionner entre deux débits d'échantillonnages différents : 0,3 à 1,5 l/min.

Une fois l'unité activée, l'aérosol ambiant entre dans le saturateur où il est exposé à une vapeur d'eau distillée. Le flux de particules et de vapeur passent ensuite à travers le condenseur, où la vapeur d'eau distillée condense sur toutes les particules (Figure 2.7). Ce phénomène augmente la taille initiale des particules. Ces gouttelettes de tailles plus importantes traversent ensuite un faisceau laser et chaque gouttelette diffuse de la lumière. Les pics d'intensité de lumière diffusée sont comptés en continu et exprimés en particules/cm^3 chaque seconde. Ces informations sont ensuite enregistrées et transmises via un port série RS 232 à un ordinateur équipé d'un logiciel d'acquisition et d'affichage des données. Le calcul du nombre de particules par volume d'air est donné par:

$$C_p = N_p \big/ TQ \qquad (2.43)$$

Avec :

C_p: Concentration en nombre des particules (#/cm^3) ;

N_p: Nombre de particules comptés ;

T: Temps d'échantillonnage en secondes ;

Q: Débit d'échantillonnage (cm^3/secondes).

2.5 Conclusion

Ce chapitre présente les principales techniques actuellement disponibles pour caractériser les concentrations de particules en suspension dans l'air ambiant. Dans le domaine de l'hygiène industrielle, le mesurage des particules fines et ultrafines sert à évaluer un risque pour la santé des personnes exposées et peut également fournir des données utiles aux études épidémiologiques. La comparaison des résultats obtenus à des valeurs limites d'exposition relatives aux substances présentes sert de base à cette évaluation, dans le cadre d'une stratégie de mesurage. L'étude des particules fines et ultrafines nécessite la caractérisation de nombreux paramètres : répartition granulométrique, évolution temporelle des concentrations, composition chimique, nombre, etc. Ces paramètres détermineront le choix des techniques de prélèvement à utiliser dans la stratégie de mesure.

CHAPITRE 3

USINAGE PROPRE

3.1   Introduction

L'usinage propre devient de plus en plus exigent envers les procédés d'usinage et de mise en forme en général. Pour répondre à ses exigences plusieurs techniques ont été développées, commençant par l'élimination de plusieurs fluides contaminants jusqu'à la réduction maximale des fluides et même la suppression totale comme le cas de l'usinage à sec. On présente dans cette partie l'ensemble de ces techniques, leurs limitations et les remèdes suggérés, par la suite nous mettons l'accent sur le phénomène de base et les mécanismes de génération de poussières dangereuses en usinage. Le problème principal rencontré dans les techniques d'usinage propre touche sensiblement la productivité en diminuant la durée utile de l'outil, pour cela nous recommandons les solutions les plus optimales comme l'application d'un revêtement adéquat ou certaines implantations ioniques au niveau des couches superficielles de l'outil de coupe.

Le phénomène de coupe peut paraître du premier coup d'œil simple mais en réalité c'est un des plus complexes procédés industriels. Aucune théorie n'a pue l'expliquer exactement et parfaitement avec tous les détails. Nous essayons de s'inspirer des plus importantes théories qui traitent le phénomène du point de vue analytique sur la formation du copeau afin de comprendre les mécanismes de formation de poussières. En usinage, plusieurs mécanismes peuvent être responsables de la formation de poussière. Dans une coupe simple, comme l'orthogonale on distingue globalement trois zones que chacune se comporte différemment : zone de cisaillement primaire, zone de cisaillement secondaire et en fin la zone de cisaillement tertiaire.

3.2   Coupe orthogonale

Le comportement du matériau en usinage est basé sur la déformation plastique (ou la rupture fragile). Le phénomène de coupe est trop complexe pour qu'il soit expliqué par une simple description du processus. En se limitant à la coupe orthogonale, on peut avoir des simplifications géométriques et cinématiques très intéressantes, coupe à laquelle l'arête de coupe est rectiligne, perpendiculaire au mouvement d'avance de l'outil (et les angles de direction d'arête κ_r et d'inclinaison λ_S valent 90° et 0°). Les conditions de coupe se limitent alors à la vitesse de coupe et à l'avance par tour. L'épaisseur du copeau reste en général faible par rapport à sa largeur, et en exceptant les effets de bord, la coupe se modélise par un problème de déformations planes (les phénomènes qui entrent en jeu dans des plans perpendiculaires à l'arête de coupe sont identiques).

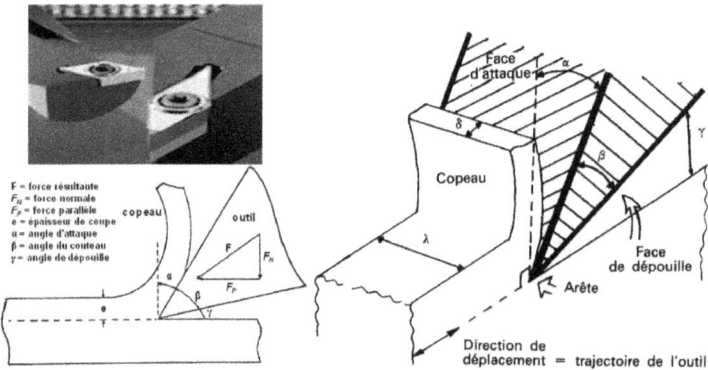

Figure 3.1   Description schématique d'une coupe orthogonale, adaptée de (Cool, 2007)

3.3   Coupe oblique

La direction de coupe est non orthogonale mais un certain angle avec l'arête principale. Cela change considérablement les conditions géométriques et la direction d'écoulement du copeau (Figure 3.2).

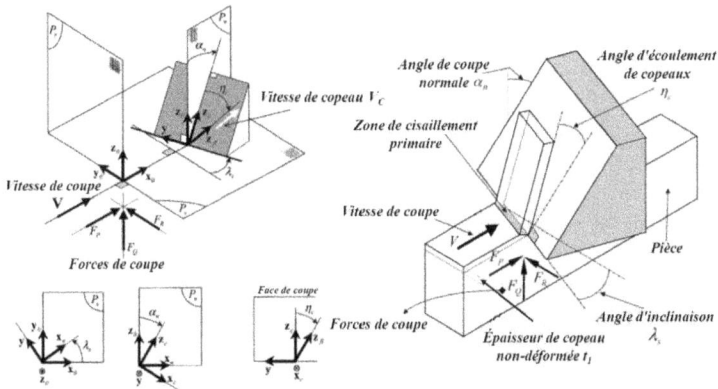

Figure 3.2   Schématisation géométrique d'une coupe oblique (Moufki et al, 2004)

3.4   Comportement d'un grain de poussière dans l'air

Une particule en suspension est sous l'action de trois forces principales (Figure 3.3) : son poids mg, la force de viscosité $-6\pi\eta aU$, la poussée d'Archimède $-(4/3)\pi a^3 \rho g$.

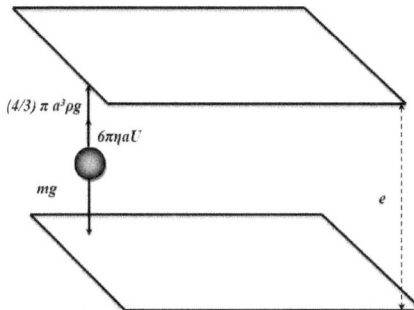

Figure 3.3   Schéma descriptif du comportement d'un grain de poussière dans l'air

Où m est la masse de la particule, g l'accélération de la pesanteur, a est le rayon de la particule et U sa vitesse, η est la viscosité du milieu et enfin, ρ est la densité (masse volumique).

La force résultante soit :

$$mg - (4/3)\pi a^3 \rho g = 6\pi \eta a U \tag{3.1}$$

La vitesse soit :

$$U = [m - (4/3)\pi a^3 \rho]/[6\pi \eta a] \tag{3.2}$$

Pour une épaisseur e (ou une distance e)

$$\tau = e/U \tag{3.3}$$

On en déduit le temps de sédimentation τ:

$$\tau = 6\pi \eta a e /[(m - (4/3)\pi a^3 \rho)g] \tag{3.4}$$

On voit que le temps de sédimentation est inversement proportionnel avec la masse et la taille de particule, ce qui prouve qu'avec les particules de petites tailles le temps de sédimentation est assez grand. Ce calcul est valable seulement quand l'air est immobile, or en réalité on est gêné par le mouvement Brownien et la turbulence de l'air provoqué par le mouvement des organes de la machine ce qui prolonge considérablement le temps. Le temps de relaxation Brownien peut être défini par :

$$\tau_B = \pi \eta a^3 /(k_B T) \tag{3.5}$$

k_B est la constante de Boltzmann et T la température

Il est bien évident que dans l'eau le temps de relaxation brownien est 100 fois plus grand que celui dans l'air, ce qui signifie que plus le temps de relaxation est petit plus le mouvement brownien gène d'avantage la sédimentation du grain. Avec une application numérique on trouve que $\tau_B = 0.01165$ second ($\eta = 10^{-3}$ cPo, $a = 10^{-6}$ m, $T = 293.15$ °K, $k_B = 1.38 \ 10^{-23}$ J/K) environ 1 centième de seconde ce qui est un temps extrêmement petit devant le temps de sédimentation en absence du mouvement de l'air qui est de l'ordre de quelques heures pour une distance d'un mètre. Cela donne un mouvement aléatoire de la particule dans l'air, qu'elle reste très longtemps en suspension (on peut estimer même quelques jours). La description schématique suivante montre les trois principales forces appliquées sur un grain de poussière en absence du mouvement Brownien qui gène et prolonge considérablement la sédimentation du grain.

3.5   Nouvelles techniques d'usinage propre

Plusieurs techniques sont utilisées pour réduire les émissions de poussière : l'usinage à sec et l'usinage semi sec. Ce dernier qui ne cesse pas de se développer pour aller jusqu'aux limites de réduction des fluides, cette technique est appelé MQCL (*minimum quantity of coolant and lubricant*). Au cours de l'usinage, on a affaire à plusieurs phénomènes plus au moins complexes, qui gouvernent en quelques sortes le procédé dans les différents niveaux, dont on peut citer, la déformation et le frottement au premier lieu, ainsi que l'adhésion et la diffusion.

3.5.1   Usinage à sec

L'utilisation des fluides de coupe représente entre 7 et 17% des coûts de fabrication des pièces (Weinert et al, 2004). L'usinage à sec devra permettre de réduire les coûts encourus pour l'achat et le traitement des fluides. Donc, du point de vu économique l'utilisation des fluides de coupe est d'une part extrêmement dispendieuse et d'autre part pénible en recyclage, ainsi que polluante du point de vu environnemental (Figure 3.4a). Tous ces inconvénients poussent les chercheurs de trouver une solution convenable à ce sérieux problème. Un des problèmes majeurs des fluides de coupe est la génération d'aérosols pendant l'usinage. Les mécanismes primaires responsables de ces générations est l'éclaboussure (*Splash*) due à l'impact du fluide (Figure 3.4b), et probablement aussi à l'évaporation du fluide à cause de la température élevée dans la zone de coupe (Bell et al, 1999). Sutherland et al (2000), trouvent que la quantité d'aérosol dégagée lors de l'usinage lubrifié, suivant différent conditions de coupe, est beaucoup trop grande, de 12 à 80 fois supérieure à celle dégagée en usinage à sec et, en plus la taille des particules de grain de poussière sont plus petite en présence de lubrifiant, ce qui aggrave le danger encore plus. C'est pour ces raisons qu'on doit opter pour l'usinage à sec, bien que ce dernier dégrade rapidement l'outil dans certaines conditions. Donc chercher un compromise entre durée utile de l'outil et produire moins de poussières dangereuses est nécessaire. Pour supprimer complètement les fluides de coupe et usiner à sec tout en préservant l'outil de coupe contre l'usure rapide, des techniques ont montré beaucoup de succès pour compenser la fonction principale du lubrifiant. Ceci exige une compréhension intégrale des corrélations complexes qui lient le processus, le système machine-outil et de la pièce.

(a)   *(b)*

Figure 3.4   Utilisation des fluides de coupe dans l'usinage (Chesterton and TTA Lubrifiants Industriels, 2012)

L'usinage à sec exige les outils de coupe modernes (*Cermets*) revêtus en TiN, TiC ou Al_2O_3 à cause des températures très élevées au niveau de l'arête de coupe. Un nouveau concept de l'usure d'outil et de nouveaux modèles de procédé de diffusion a été considéré, dans lesquels la diffusion a un plus grand effet sur le processus d'usure à températures élevées (Kopac, 1998). Anselmo et al (2004), ont réalisé des essais en usinage à sec pour but de déterminer les performances et les limites dans les conditions expérimentales spécifiques : pièce en acier 1045 (97 HRB), et deux différents types d'outil en carbure (P15 et P25 avec un revêtement de trois couches : TiCN, Al_2O_3 et TiN par CVD). Ils Trouvent que l'usinage à sec exige un matériau d'outil très dur qui résiste à haute température. Les études comparatives entre l'usinage avec et sans fluide de coupe, montrent qu'on peut avoir une durée de vie semblable à condition que la profondeur de coupe soit petite et les vitesses de coupe très élevées. Pour plusieurs raisons l'usinage à sec s'impose et devient indispensable. La première est principalement économique, vu le prix et la quantité énorme des fluides de coupe, ainsi que pour le recyclage des copeaux produits, nécessitant une procédure coûteuse et pénible de décontamination. La deuxième raison aussi importante est purement sanitaire et écologique. Sutherland et al (2000) ont montré que l'utilisation des fluides de coupe augmente la production d'aérosols qui croit aussi dans le cas général avec la vitesse, l'avance et la profondeur de coupe. Cela signifie que le lubrifiant est responsable de la production d'un nuage dense en aérosol, en plus de ce qui est produit par le procédé de coupe lui-même. Un inconvénient de l'usinage à sec réside dans l'usure accélérée, ce qui demande le changement fréquent de l'outil de coupe, ce qui nécessite un temps d'arrêt considérable et par conséquence une diminution du rendement. Le mode optimal est de choisir un matériau de coupe assez dur et tenace ou bien un revêtement adéquat pour diminuer le taux d'usure, afin de conserver les avantages de l'usinage à sec et surmonter son défaut.

3.5.2   Usinage semi sec

La définition qu'on peut donner à ce sujet est que dans l'usinage semi sec il est capital que la lubrification soit minime que possible, pour que l'arrosage ou la pulvérisation soit juste ce qu'il en faut dans seulement les endroits concernés. Ceci est devenu le souci numéro un des grandes firmes industrielles de fabrication dont le système d'alimentation des fluides soit l'élément principal. Du point de vu économique l'utilisation des fluides de coupe est d'une part extrêmement dispendieuse et d'autre part pénible en recyclage, ainsi que polluante du point de vue environnemental, ce qui attire beaucoup d'attention pour voir et chercher une solution convenable à ce problème.

Malgré que l'usinage à sec qu'il est très performant mais il rencontre dans certaines situations des obstacles infranchissable. Le majeur problème est toujours la dégradation de l'outil dans des conditions sévères où on serait forcé de chercher à usiner avec une très petite quantité de fluide afin de garder une bonne résistance à l'usure des outils. La méthode MQCL (*Minimum Quantity Cooling Lubrication*), est la clef pour réussir cette technique qui ne cesse pas de se développer depuis son apparition dans le milieu scientifique et industriel (McCabe et al, 2001; Suda et al, 2002; Weinert, 2004). Dans ce type d'usinage qu'on peut appeler aussi NDM (*Near Dry Machining*), une très petite quantité de lubrifiant peut être significative dont l'optimisation devient indispensable (Figure 3.5). À L'aide des caractéristiques d'adsorption du modèle de l'ester et l'analyse de surface de l'outil Wakabayashi et al (2003) ont fait une étude tribologique sur les performances de la coupe semi sec, dont-ils trouvent que les esters synthétiques biodégradables sont meilleurs qu'aux huiles végétales et fournissent des performances très satisfaisantes par rapport aux fluides de coupe conventionnels utilisés en excès. De très bons résultats ont été approuvés par Milovanov et al (2000) dans les presses à 10 000 kN pour la fabrication des produits denses et d'autres matériaux réfractaires. Dans le milieu industriel ont pu développer des techniques pour modifier et convertir les machines d'usinage à sec en MQCL (Micro-lubrication, 2012).

Figure 3.5   Système de minimum quantité de lubrifiant (Modern Machine Shop, 2012)

3.5.2.1 Performances de l'usinage semi sec

L'évolution du procédé de perçage n'a pas cessé de progresser pour ôter les nombreuses difficultés rencontrées dans ce genre de procédé, alors que plusieurs scientifiques et industriels cherchent à développer le matériau de coupe lui-même. La complexité de ce type de procédé réside dans la difficulté d'évacuation du copeau à cause de l'adhésion qui se produit avec le forêt, ce qui accélère l'usure des outils et détériore la qualité de surface usinée. La solution était souvent d'optimiser l'utilisation des fluides de coupe afin d'améliorer les performances de coupe.

Le MQCL prouve de remarquables succès dans plusieurs travaux. Braga et al (2002) utilisent l'huile minérale avec un débit de 1.67 10^{-4} l/min ainsi qu'un écoulement de 4.5 bar d'air comprimé, pour percer les alliage de *Al/Si* (SEA 323) où le perçage à sec est extrêmement difficile et les résultats obtenus étaient similaire ou meilleurs qu'en application excessif de fluide de l'huile hydrosoluble et l'usure en flanc était presque le même pour les deux opération. Les essaies sur l'évaluation de l'MQL perçage (système externe avec un débit de pulvérisation de 1.83 10^{-3} l/min) montrent une augmentation de la durée utile de l'outil de 30-40% et une diminution de force résultante de 20-30% par rapport aux deux méthodes : usinage à sec et en utilisation excessif de fluide de coupe (débit de 42 l/min) (Byrne et al, 2003).

L'utilisation d'un minimum de lubrifiant nous donne aussi sans doute de très bons résultats en tournage. Byrne et al (2003) expose certains travaux réalisés par d'autres chercheurs dans le domaine. Voyant l'effet du volume du fluide utilisé en lubrification, Machado et al (1997) constatent en tournage d'acier au carbone (moyen), à des débits très bas (3.3 10^{-3} l/min de l'huile soluble et 4.9 10^{-3} l/min d'eau), que plus on diminue la quantité de fluide plus on améliore la situation pour : moins d'efforts de coupe, un bon fini de surface et bien sûr moins de pollution. Um et al (1995) trouve par rapport à sec : une diminution de la température à l'interface outil/copeau, un meilleur fini de surface et une durée de vie plus longue en tournage de 416 barre cylindrique en acier inoxydable avec une pulvérisation de 6.7 10^{-2} l/min d'Eau et une pression d'air de 560 kPa. Wakabayshi et al (1998) utilisent en tournage le même type de lubrifiant souvent employé en HSM (air-huile) à une concentration très basse (10^{-5}- 1.6 10^{-4} l/min), cette l'huile s'injecte à une pression de 0.6 MPa dans la face de coupe et le flanc de l'outil de tournage, ceci donne des résultats spectaculaire en se

66

comparant à l'usinage à sec, ce qui donne à la technologie MQCL un grand avantage. On remarque que tous les travaux qui ont été réalisés se basent sur l'expérience pure où les valeurs du débit de lubrifiant et la pression utilisée sont très variables d'une expérience à une autre. Cela pourrait dépendre de plusieurs facteurs à la fois : paramètres, géométries et conditions de coupe ainsi que la nature du lubrifiant et la technique utilisée en lubrification. L'ensemble de cette complication demande une étude très poussé en :

- tribologie pour déterminer la limite minimale de lubrifiant qu'il faut utiliser;
- technologie de lubrification pour trouver la technique et la méthode ainsi que l'appareil qui répond aux exigences tribologiques imposées pour ne pas dépasser la limite;
- physico-chimie du lubrifiant (température d'évaporation, viscosité, densité,..), pour avoir un lubrifiant très efficace et non dangereux;
- en fin la rhéologie de coupe pour l'ensemble.

On suggère donc que cette étude demande alors l'intervention de trois disciplines différentes, ce qui justifie que cela ne peut être mené que par des équipes de recherches qui travaillent en étroite collaboration (de manière similaire à l'ingénierie simultanée).

3.5.2.2 Fluides de coupe adaptés pour MQCL

Le but principal de l'emploi des fluides de coupe et la diminution de la température dans la zone de coupe et de réduire la friction au minimum, c'est pour cela que leur utilisation dépend du type de matériau à usiné. À titre d'exemple, les fluides de coupe ne sont pas nécessaires quand on coupe les alliages d'Al à cause de sa basse température en usinage. Des modèles ont été développés pour prévoir le phénomène de génération de chaleur, transfert, formation de brume et formation de copeau dans l'usinage avec et sans fluide de coupe. Utilisant des corrélations appropriées de nombre de Nusselt (Nu), coefficient de transfert de chaleur en opération d'usinage et alésage a été calculé. Les propriétés thermo physiques des émulsions des huiles solubles semi synthétiques et synthétiques, ont été expérimentalement déterminé. L'expérience de Daniel et al (1997) faite pour le perçage des alliages d'*Al*, montre les effets de fluide de coupe sur la qualité du trou, le fini de surface et la morphologie des copeaux. Le nombre de Nusselt entre deux plaques parallèles de température différente : le *Nu* donne le taux de la chaleur réellement transférée entre les deux plaques par le mouvement de fluide que le transfert se fait par conduction. Le *Nu* est défini alors par :

$$N_U = Hd / [k(T_2 - T_1) = (Ra / Ra_C)^{1/3} \tag{3.6}$$

H est le transfert par unité de surface par unité de temps, *d* la distance, *T* la température, *k* la conductivité thermique, *Ra* le nombre Rayleigh, et *Ra_C* le nombre critique de Rayleigh.

$$Ra_C = \pi^4 \left(1 + a^2\right)^3 / a^2 \tag{3.7}$$

Pour réduire l'usure et la friction dans l'usinage des métaux, ainsi que pour des raisons écologiques on voit du jour en jour beaucoup d'huiles de lubrification s'éliminer (Mitsuo, 2003). Bien que l'objectif principal des fluides de coupe est de diminuer la température dans la zone de coupe pour augmenter la durée utile de l'outil, mais ils présentent aussi un sérieux problème écologique : certains sont inflammables qui peuvent causer des incendies, d'autres sont toxiques contaminent l'environnement ou le copeau recyclable. Les manières principales de la contamination hypothétique de l'environnement par des huiles de lubrification LO (*Lubricant Oil*) à toutes les étapes de leur application : pendant le transport à la consommation, l'entreposage à long terme dans les réservoirs, service dans des machines et des mécanismes, aussi bien que la collecte et l'utilisation à la fin de durée de vie, ont été discutés par plusieurs auteurs. On précise qu'à toutes les étapes le degré d'influence d'huile de graissage sur l'environnement est déterminé par 3 facteurs principaux : composition chimique, la température du fonctionnement et la culture de manipulation. Des problèmes de la compatibilité de différentes huiles de graissage avec certains matériaux, la tendance des fluides à l'évaporation et la nécessité d'établir la concentration maximale admissible pour le brouillard d'huile, tout en développant des nouveaux produits biodégradables, pour résoudre le problème d'utilisation de ces fluides (Lashkhi et Zakharova, 1992). Mais le problème demeure toujours et devient de plus en plus pesant avec la connaissance des dangers cachés que les scientifiques divulguent continuellement. À coté de tous ces ennuis se rajoute le grave danger de la fine poussière d'usinage que le fluide de coupe l'influence considérablement, la raison à laquelle on cherche par tous les moyens de s'en débarrasser complètement ou au moins dans les pires situations de le minimiser, malgré son utilité en diminution d'usure et d'évacuation de la chaleur.

Les procédés de formage (sans enlèvement de matière) et l'usinage à sec sont devenus alors les processus qui répondent aux exigences écologiques actuelles (Mitsuo et al, 2001). Le but de l'analyse des fluides de coupe n'est pas seulement l'intérêt économique pur mais aussi peut servir pour étudier l'impact environnemental sur le processus de coupe et offrir une base quantitative d'optimisation du processus de planification des fluides ainsi que la conception des machines qui répondent aux exigences requises. Les fluides de coupe fait appel à plusieurs disciplines: la chimie, la technologie des procédés et d'industrie, l'environnement et la tribologie.

Dans l'industrie propre et environnementale, on doit prendre plusieurs considérations concernant les fluides de coupe :

- les constituants (composition) de fluide de coupe ne doivent pas avoir des effets négatifs sur la santé de l'opérateur ou l'environnement;
- l'utilisation de fluide de coupe ne devrait pas produire des contaminants ni avoir des effets négatifs sur des composants ou des joints de machine-outil;
- la zone de coupe ne devrait pas être inondée mais plutôt le refroidissement et la lubrification devraient avoir lieu d'une façon bien définie réduisant au minimum de ce fait le volume de fluide nécessaire, par exemple approvisionnement interne dans l'outillage et des becs conçus spécifiquement pour l'approvisionnement externe;
- le contrôle continu du fluide de coupe et de l'environnement de machine-outil avec les sondes en ligne est souhaitable.

Le niveau des coûts des liquides de coupe dépend largement de l'opération de fabrication, le composant, qualité exigée de la pièce, le milieu lubrifiant impliqué, la vaporisation, le type de la machine, la taille du service, traitement de fluide de coupe et disposition ainsi que d'autres facteurs (Klocke and Eisenblaetter, 1997). À cause du danger provoqué par les fluides de coupe l'OSHA (*Occupational Safety and Health Administration*) a limité en 1998 la concentration de brume de fluide de coupe dans l'environnement industrielle à 1 mg/m^3 comme le niveau d'exposition permissible PEL (*Permissible Exposure Level*), pour protéger les opérateurs concernés (Aronson, 1999).

3.5.3   Usinage à sec et autolubrification

Une autre solution utile pour diminuer l'usure et le coefficient de friction est le processus d'autolubrification tout en s'intéressant aux couches tribologiques. Tatsuhiko et al (2004) ont réussi à produire une couche tribologique idéale accommodée par l'implantation de *Cl* aux couches de nitrure de titane (*TiN*). Cette couche est oxydée en présence du chlore autour, ce qui fait réduire significativement la dureté de surface. Un autre raisonnement peut être très utile, est d'introduire du graphite dans le matériau de la pièce, pour que le graphite joue le rôle du lubrifiant, ce qui facilite considérablement l'usinage, des résultats ont été approuvés par Songmene and Balazinski (1999), sur l'usinabilité des composite à matrice métallique graphitique.

On suggère que les deux raisonnements sont utiles et l'utilisation des deux conjointement peut donner des résultats très satisfaisants et peut être meilleurs. Ce qu'on peut conclure est seulement, l'implantation du *Cl* lors du revêtement peut être généralisée, mais le graphite dans les matériaux de la pièce, est difficile à pouvoir être généralisé. En revanche, cela n'empêche pas d'imposer certaines règles sur les matériaux destinés à la fabrication en série (Figure 3.6).

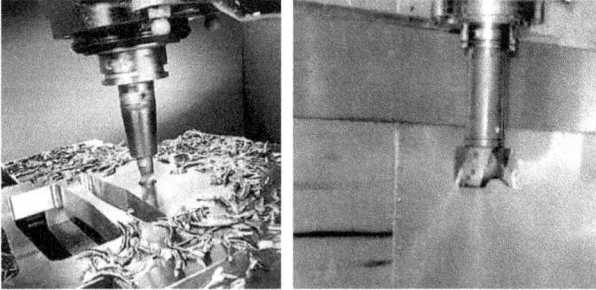

Figure 3.6   Usinage a sec et l'usinage à micro-lubrification (Microlub, 2012)

3.5.4   Implantations ioniques

Les implantations ioniques ont joués un rôle très important dans la contribution de l'évolution de la qualité de surface de l'outil pour améliorer les performances tribologiques afin d'augmenter la durée utile de l'outil, diminuer les efforts et énergie de coupe ainsi que minimiser la quantité de poussière générée lors de l'usinage. Perry et al (1994; 1998) trouvent des bons résultats en implantant des ions d'Azote ou des ions duels nickel/titane, dans des outils de coupe revêtus par CVD et PVD en *TiN*. Et prouvent par leurs expériences sur le tournage d'acier inox que les performances enregistrées sur la durée utile de l'outil sont dues aux changements du profil de la micro dureté et aux propriétés tribologiques après implantation.

La nitruration ionique est un processus de plasma qui a été employé pour améliorer la fatigue, l'usure et/ou la résistance à la corrosion des aciers. Le processus est effectué en plaçant la pièce comme une cathode dans une décharge qui contient de l'azote (Robino et al, 1983; Spalvins, 1983). Tous les essais de coupe de Béjar et Vranjican (1992) ont été réalisés par l'usinage orthogonal sur un tour d'un tube en acier à faible teneur en carbone (0.1% *C*, 0.24% *Si*, 0.52% *Mn*, 0.01% *P*, 0.026% *S*). Le traitement d'ion-nitruration peut augmenter de manière significative la vie des outils de *HSS* en coupe continue et l'intermittente. Dans l'intermittente d'un acier à faible teneur en carbone, la durée utile des outils de *HSS* d'ion-nitrurés peut être plus longue que la vie des outils de carbure.

3.6   Frottements

Dans le processus de coupe deux matériaux entre en contact violent où les interactions inter faciales entre la surface de l'outil et le métal nu, jouent le rôle principal. À l'interface la friction demeure le phénomène le plus ennuyeux à cause des points suivants :

- Intense, difficile à caractériser et à modéliser ainsi que difficile à limiter.
- Possède un effet purement résistant : il augmente les forces, les énergies, la déformation du métal, il modifie son mode d'écoulement.
- Augmente considérablement la chaleur qui provoque l'échauffement de l'outil dont il est difficile de limiter.
- Modifie la géométrie de l'opération
- Responsable de la dégradation de l'outil selon divers mécanismes thermiquement activés.

Selon ces effets néfastes sur le processus d'usinage en général, des techniques ont été développées pour améliorer les performances. La première évidence est l'utilisation des fluides de coupe pour servir de refroidissant et lubrifiant, mais comme nous avons déjà dit, qu'eux même présentent beaucoup d'inconvénients économiques et écologiques, d'où et dans certaines conditions dont on est obligé de supprimer les fluides de coupe en usinant à sec; la seule solution pour augmenter la durée utile de l'outil en minimisant la friction est d'avoir une bonne surface de l'outil qui réponde à nos exigences tribologiques, or cela demande des coûts super élevés ce qui nous mène à faire juste un revêtement puisqu'il nous intéresse que la surface et les premières couche superficielles de l'outil. Dans ce sens plusieurs travaux étudient la friction à sec pour bâtir une théorie efficace. Le flux de la chaleur présenté dans l'outil de coupe vient des trois sources suivantes : la chaleur qui vienne de la première zone de cisaillement (déformation plastique et dissipation visqueuse), la deuxième zone de cisaillement (friction et énergie de cisaillement) et le frottement du flanc avec la pièce. Ces sources de chaleur se diffusent dans la pièce, le copeau et l'outil avec des proportions différentes. Par conséquent, il n'est pas évident si les revêtements influencent le processus de

72

coupe par un effet d'isolation (la chaleur inférieure transmise dans le substrat), et/ou par un effet tribologique (niveau plus bas de la chaleur créé dans les sources).

L'analyse par microscopie électronique prouve que les revêtements habituels de PVD et de CVD n'influencent pas la fonction de transfert thermique pour un outil de carbure (Maillet et al, 2000; Du et al, 2001; Yen et al, 2003). En conséquence, la distribution de la température dans un outil de coupe ne peut pas être modifiée par l'application d'un revêtement mince, même si sa conductivité thermique est très basse au tant que par exemple le revêtement Al_2O_2 (Grzesik, 2001). Les avantages offerts par certains revêtements pourront être meilleurs en combinant la dureté et les propriétés autolubrifiantes, par exemple (Ti, Al) $N+MoS_2$. Afin d'atteindre ces objectifs, les fabricants d'outils sont intéressés par l'application de nouveaux revêtements. Les statistiques récentes indiquent que 80% de toutes les opérations d'usinage sont maintenant effectués avec les outils de coupe revêtus (Grzesik, 2001; Yen et al, 2003). Parmi les systèmes revêtus disponibles sur le marché, les couches minces dures à base de titane sont généralement le plus employées. C'est dû au fait qu'ils tendent à améliorer la résistance à l'usure dans beaucoup d'applications de coupe, par la réduction de friction, d'adhésion, de diffusion, résistance à l'oxydation en plus de soulager les efforts thermiques et mécanique induits sur le substrat (Rech et al, 2001).

3.7   Principes et mécanismes de formation de copeaux

3.7.1   Intérêt d'étude des copeaux

Le copeau est l'élément principal qu'on peut interroger pour mieux comprendre le phénomène de coupe. Son analyse fournit une source de données très riche tant pour les chercheurs que les industriels. En production, l'évacuation de copeaux, joue un rôle très important. La forme du copeau ainsi que la façon de sa formation affectent directement la qualité et le fini de surface de la pièce usinée; le recyclage des copeaux affecte le coût de fabrication des pièces et l'environnement. Des travaux de recherches très récentes ont prouvés que les copeaux fragiles produisent moins de poussière de qualité dangereuse que les copeaux ductiles. Donc, écologiquement et pour préserver santé et sécurité du personnel industriel, le copeau est l'élément le plus sensible qu'on doit respecter en usinage.

3.7.2   Classification de forme

La forme du copeau est très importante à toute étude d'usinage. La classification des types de copeau se fait selon sa forme générale et se base pour l'interprétation à la physique de déformation, dans le cas des métaux le processus de formation de copeau est principalement basé sur des déformations plastiques, selon les conditions de coupe, on peut distinguer trois familles de copeaux :

- Copeau continu : la continuité du matériau y est préservée, et les déformations plastiques dans les zones de cisaillement sont quasi stationnaires (Figure 3.7a).
- Copeau segmenté : il est composé d'éléments plus ou moins connectés entre eux, résultant de variations périodiques de la couche superficielle ; ce qui conduit à des zones alternées de déformations locales très peu cisaillées (Figure 3.7b).
- Copeau dentelé : il est en majorité formé d'éléments séparés, dus plutôt à une rupture du matériau qu'à un cisaillement de celui-ci (Figure 3.7c).

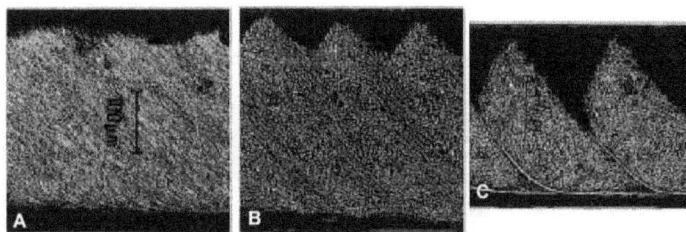

Figure 3.7   a. copeau continu; b. Copeau segmenté ; c. copeau dentelé (LeCalvez, 1995)

En pratique, des obstacles tels que la pièce produite, le brise-copeaux de l'outil ou des éléments de la machine-outil gênent l'écoulement du copeau. Ces obstacles exercent des

74

actions mécaniques qui astreignent la forme du copeau et son mode de formation. Ainsi, tous les copeaux - industriellement produits - sont appelés copeaux contraints.

3.7.3   Principaux modèles de formation de copeaux

La tentative de modélisation des mécanismes de formation de copeau a commencé vers les années 30 et n'a pas cessé de se développer, mais d'une façon pas très approfondie. Chaque modèle qui apparaît se base sur des paramètres différents. La base commune était l'observation puis des interprétations selon les conditions sévères de l'expérience. La multitude des paramètres et conditions avec la diversité des matériaux et leur comportement en usinage complique tellement le phénomène. Bien que les modèles les plus sophistiqués développent des anciens modèles et introduisent de nouveaux concepts, mais restent limités par les conditions de l'expérience, d'où le niveau de prédictions reste médiocre. Différents modèles sont présentés par la suite. Les matériaux utilisés dans leurs expériences sont en général : les aciers, les alliages d'aluminium, de cuivre et de titane. En 1937, Piispanen a donné une description simplifiée du mécanisme de formation de copeau, dans laquelle il propose une représentation de l'écoulement du matériau comme un paquet de cartes qui s'alignent d'une manière parallèle pour former le copeau (Figure 3.8). Ce modèle bien qu'il soit très simple mais donne la base fondamentale pour étudier les mécanismes de formation du copeau.

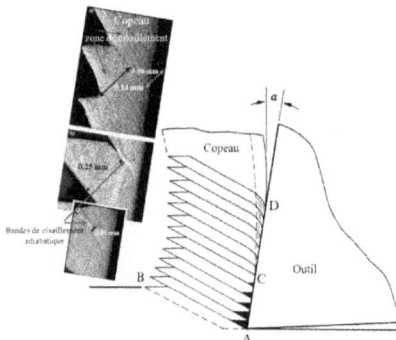

Figure 3.8   Modèle de Piispanen (Shaw, 2005)

D'une façon assez générale en coupe orthogonale, on peut décrire le comportement du matériau de la façon suivante : L'outil, en avançant, appuie sur le copeau en formation et provoque un cisaillement entre la pointe de l'outil et la surface brute de la pièce. Cette zone est le siège du cisaillement primaire qui assure la formation du copeau. Les cisaillements secondaire et tertiaire prennent place aux interfaces entre le copeau et la face de coupe et, entre la pièce et l'outil. Ils sont dus à l'écoulement de la matière contre les faces de coupe et de dépouille de l'outil. Ceci est schématisé dans la Figure 3.9 suivante :

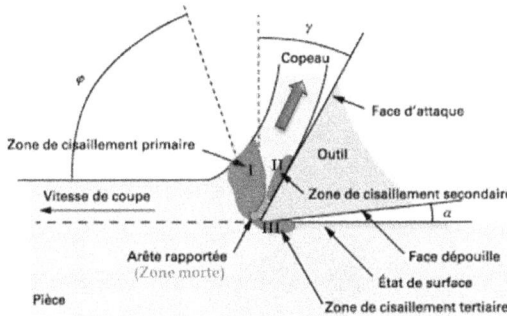

Figure 3.9   Zones de cisaillement dans la coupe orthogonale (zone de cisaillement I : primaire; II : secondaire ; III : tertiaire).

Dans la première zone on assiste à une déformation plastique. Cette zone succède à la zone morte où s'effectue le changement de direction de l'écoulement de la matière usinée, la séparation du métal en deux parties, dont l'une consistera en le copeau, l'autre formant la pièce finie. La seconde zone est caractérisée par une plastification du métal due au frottement de glissement entre la face de coupe et le copeau (Gilorimi et Felder, 1985). Les grandes déformations se font alors par des glissements plans unidirectionnels, faisant donc un angle constant avec la vitesse de coupe. En se rapprochant des zones d'interface, les bandes montrant les alignements dans la texture du copeau se resserrent de plus en plus; le cisaillement s'intensifie comme si l'outil s'opposait à l'écoulement du métal. À cette interface le métal subit une forte élévation de température. Pour un acier, on assiste à la formation d'austénite, à l'intérieur de cette zone.

Du point de vue mécanisme, Astakhov et al (2001) montre qu'il est probable de faire une généralisation en considérant le phénomène de coupe comme un processus cyclique. Chaque cycle consiste trois phases : 1) la compression du matériau de la pièce au bout du bec de l'outil; 2) formation de la surface de la discontinuité de vitesse, ce qui semble être une surface de la contrainte maximale combinée; 3) fracture (détachement) et glissement d'un copeau fragmenté. Cette description phénoménologique du processus peut être interprétable par l'introduction de la théorie de couche molle couche dure pour expliquer l'aspect cyclique ou périodique du copeau. Cependant, on peut adopter cette théorie pour expliquer la production de poussière lors de l'usinage. Il est fort probable que le frottement à l'interface de ces deux couches de duretés différentes produit de fines particules de poussières. La présence d'un très grand nombre de couches par unité de volume dans le matériau ductile explique l'énorme quantité de poussières produites par rapport au matériau fragile où il y en a beaucoup moins.

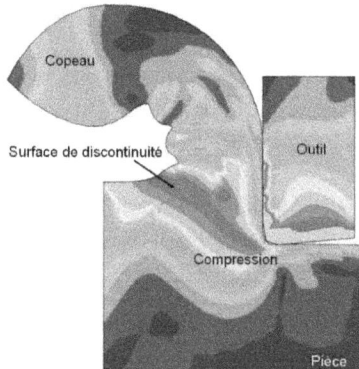

Figure 3.10   Formation du copeau en coupe orthogonale

Selon ces principes, le copeau peut apparaître continu si seulement si les lignes d'écoulement (bandes de glissement) sont trop proches avec peu de décalage apparent sur la face extérieure du copeau. Un autre modèle a été développé par Zhang et Alpas (2002). Ils se basent sur l'aspect géométrique de la déformation et l'observation localisée pour interpréter le phénomène de coupe. La Figure 3.10 montre clairement les lignes d'écoulement qui permettent de calculer géométriquement l'angle de cisaillement :

$$\phi = \tan^{-1}\left(\frac{\Delta y}{\Delta x}\right) \qquad (3.8)$$

La distribution de déformation au bout du bec de l'outil est calculée par les mesures de déplacements des lignes d'écoulement.

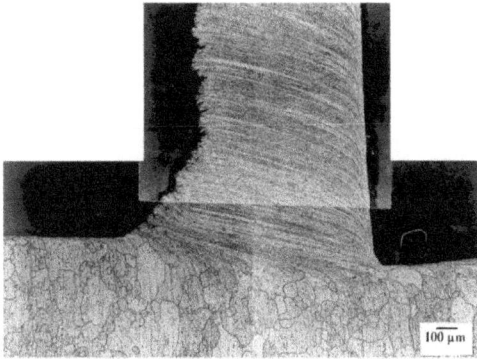

Figure 3.11   Micrographie optique du copeau d'*Al* 6061. V_C= 0.6 ms^{-1}. A_V = 0.3 mm, γ = -5°
(Zhang and Alpas, 2002)

Des fissures se produisent pendant la formation du copeau à cause de la présence des pores qui se propagent dans le sens du gradient de contraintes. Cette porosité a été formée par l'accumulation de défauts dans la zone de cisaillement pendant la déformation plastique du matériau proche du bec de l'outil (Figure 3.11). La plus grande densité de porosité a été observé près de la surface libre du copeau, où les pores se fusionnent comme le montré Figure 3.12.

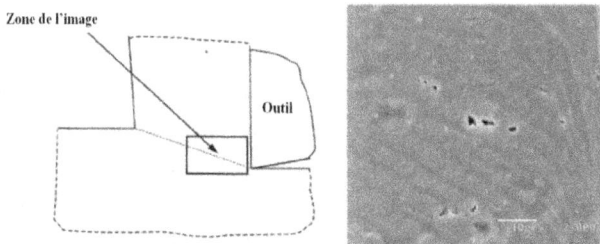

Figure 3.12   Illustration de la présence des pores dans la direction du gradient de la
déformation, obtenue par SEM (Zhang and Alpas, 2002)

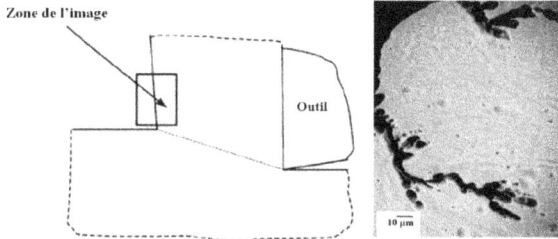

Figure 3.13 Illustration par SEM, de la microstructure du matériau à la surface extérieure du copeau, qui montre les évènements de coalescence observés et la croissance de fissure (Zhang and Alpas, 2002)

Figure 3.14 Illustration SEM de la face extérieure du copeau montrant les fissures de cisaillement (Zhang and Alpas, 2002)

La coalescence et la croissance des pores ont semblé avoir amorcé des fissures de cisaillement sur la surface libre (Figure 3.12). Le cisaillement des fissures sur la surface libre est prolongé parallèlement entre elles avec une distance moyenne de séparation de l'ordre de 2-5 μm (Figure 3.13). On peut exploiter ces résultats pour trouver une explication et un lien avec la poussière dégagée en usinage. L'irrégularité observée sur la face extérieure du copeau de l'alliage d'aluminium 6061, montre que l'ordre de séparation coïncide avec la taille critique de particule de poussière la plus dangereuse (Figure 3.14). Ceci est peut être un indice pour comprendre le phénomène d'émissions de poussières. L'interprétation de ces résultats peut se résumé en deux points : Le premier, justifie la taille des particules émises en usinage des matériaux ductiles et notamment les alliages d'aluminium; le second, confirme la quantité énorme de poussières dégagées par les matériaux ductiles qui correspond au nombre élevé des irrégularités (peut être du même ordre des lignes d'écoulement) qui n'est pas le cas dans les matériaux fragiles.

À des vitesses faibles, le copeau produit lors de l'usinage des alliages de titane est généralement discontinu. Plus la vitesse augmente, plus les segments se resserrent et le copeau devient dentelé. Hua et al (2004) se basent dans leur étude pour l'interprétation de ce phénomène sur la simulation par éléments finis du comportement rigide viscoplastique non iso-thermique pour le modèle de contrainte d'écoulement dynamique (Figure 3.15). Ils trouvent que l'augmentation des vitesses fait changer l'état des contraintes au bout de l'outil menant à l'initiation et à la propagation de fissures à partir du bec de l'outil jusqu'à la face extérieure du copeau en formation, dans la zone de cisaillement première. Ce changement d'amorçage et de propagation de fissures est la raison primaire du changement de la morphologie du copeau.

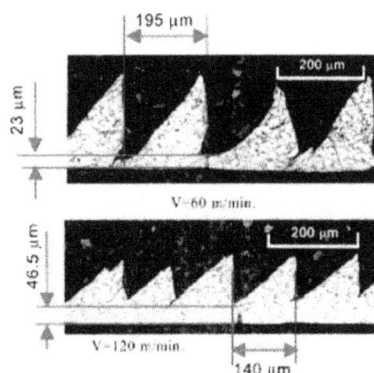

Figure 3.15   La morphologie du copeau en fonction de la vitesse de coupe (Hua et al, 2004)

Selon Cook (1953), plus la vitesse augmente, plus la température dans la première zone de cisaillement augmente. Quand l'effet de ramollissement par la température dans la zone de cisaillement primaire est plus fort que l'effet d'écrouissage, le copeau devient dentelé au lieu que segmenté. Cependant, d'autres ont indiqué que la température dans la première zone de déformation est d'environ 100–200 ºC, ce qui n'est pas assez pour causer l'effet d'adoucissement thermique (Sandstrom and Hodowany, 1998; Hua and Shivpuri, 2002). Par conséquent, on se rend compte que la théorie thermodynamique est incapable d'expliquer la formation du copeau au moins dans le cas de coupe des alliages de titane.

3.8   Paramètres et conditions influençant la formation de poussières

3.8.1   Influence de la température

On a vu que la température influence l'état et la forme du copeau et par conséquence le phénomène de coupe en général. La répartition de la température dans le système outil copeau pièce nous fournit de très importantes informations sur la microstructure et la micro – dureté du copeau. La température augmente considérablement dans la première et la deuxième zone de cisaillement. Cette température déforme le copeau et change sa structure. Il est commode d'impliquer l'aspect énergétique pour formaliser le lien entre la déformation (taux de déformation) et température. La première confrontation était entre la valeur théoriquement calculée et celle observée de la cession. Orowan (1934, 1935) a indiqué que, malgré que l'énergie thermique est insuffisante pour combler la différence entre les valeurs observées de et calculées τ_0 de la contrainte d'écoulement, un facteur de concentration de contrainte C peut exister au bout d'une micro -fissure et augmenter ainsi l'énergie thermique pour établir le lien entre $C\tau$ et τ_0 (Contrainte théorique). La probabilité de présence d'énergie thermique $u_\theta V'$ dans un volume V' selon une distribution de Boltzmann.

$$P = \exp\left(\frac{-u_\theta V'}{kT}\right) \tag{3.9}$$

Au niveau microscopique, les dislocations se propagent avec la vitesse du son. La vitesse de déformation ε est évidemment proportionnelle au taux de formation des dislocations. Elle est aussi proportionnelle à la probabilité pour que l'énergie thermique soit suffisante afin de former et de mettre en mouvement une dislocation.

$$\dot{\varepsilon} = A\exp\left(\frac{-u_\theta V'}{kT}\right) \qquad (3.10)$$

A est une constante de proportionnalité

Avec la valeur

$$u_\theta = \frac{1}{2}\Delta\tau.\Delta\gamma \qquad (3.11)$$

Avec

$$\Delta\tau = G\Delta\gamma \qquad (3.12)$$

Ce qui donne :

$$u_\theta = \frac{1}{2}\frac{(\Delta\tau)^2}{G} = \frac{(\tau_0 - C\tau)^2}{2G} \qquad (3.13)$$

Remplaçons cela dans l'équation (3.10) plus haut, on trouve :

$$\dot{\varepsilon} = A\exp\left(\frac{-V'(\tau_0 - C\tau)^2}{2kT}\right) \qquad (3.14)$$

D'où :

$$\tau = \left[\tau_0 - \left(\frac{2GkT}{V'}\ln\frac{A}{\dot{\varepsilon}}\right)^{\frac{1}{2}}\right]\times\frac{1}{C} \qquad (3.15)$$

Pour un matériau donné τ_0, C, G, k, V' et A sont des constantes, ce qui nous donne la possibilité de l'écrire sous la forme suivante :

$$\tau = C_1 - C_2\left[T(C_3 - \ln\dot{\varepsilon})\right]^{\frac{1}{2}} \qquad (3.16)$$

Au niveau macroscopique, Gregor and Fisher (1946) combine les effets du taux de déformation et la température dans l'essai de tension des métaux en utilisant la température modifiée par la vitesse T_m.

$$T_m = T\left(1 - k \ln \frac{\dot{\varepsilon}}{\varepsilon_0}\right)$$ (3.17)

T la température de l'essai en absolue (température ambiante), $\dot{\varepsilon}$ est la constante du taux de déformation réel de l'essai, $\dot{\varepsilon}_0$ et k sont des constantes. Tandis que la température modifiée par la vitesse avait été employée dans les études du fluage secondaire, d'après Gregor et Fisher (1946) ont trouvé ce concept tout à fait satisfaisant pour la corrélation de l'essai de tension aux différents taux de contraintes et températures. On peut fragiliser le matériau pour produire moins de poussière lors de l'usinage. Cela est possible en diminuant la température au dessous de la température de transition ductile fragile (TTDF) pour les matériaux sensible à ce genre de transition, pour d'autre on augmente juste la dureté. Ceci donc, peut être bénéfique seulement pour certains matériaux.

3.8.2 Influence de la vitesse de coupe

La fissure qui détermine le copeau dentelé lors de la coupe de Ti-$6Al$-$4V$, se produit toujours dans la zone primaire de cisaillement où la déformation est maximale et la contrainte de cisaillement est bien localisée. Les auteurs Sandstrom & Hodowany (1998) et Hua & Shivpuri (2002) constatent qu'à faible vitesse, la fissure qui se propage vers le bec de l'outil à cause de la grande contrainte hydrostatique positive produite à la face de coupe avec une contrainte négative à l'opposé dans la face extérieure du copeau, tend à produire la discontinuité dans le copeau. À haute vitesse, la fissure se développe dans la face extérieure du copeau. La grande contrainte hydrostatique négative située du coté du bec de l'outil dans la première zone de cisaillement, amortie la propagation de la fissure, tandis que la contrainte hydrostatique compressive dans la surface extérieure favorise la propagation de la fissure vers le bec de l'outil. En raison de la haute température du côté frontal de l'outil qui provoque l'effet d'adoucissement thermique, aucune fissure ne se produit du côté du bec. Le copeau formé juste pendant le processus de coupe se rattache à la pièce en formant le segment dentelé du copeau (il ne sera pas complètement détaché). L'application de la théorie de l'instabilité de l'écoulement plastique des matériaux est largement utilisée pour expliquer la forme du copeau dentelé ou segmenté. Xie et al (1996) adoptent cette théorie pour étudier la formation du copeau dans l'usinage orthogonale. Leur analyse est de voir l'effet des conditions de coupe sur la localisation du cisaillement et la formation de bandes adiabatiques de cisaillement lors de la coupe des métaux. Afin d'évaluer et prévoir le début de l'instabilité du copeau, une relation est établie entre le paramètre de localisation de l'écoulement β, et les conditions de coupe.

$$\beta = \frac{\partial \log \dot{\varepsilon}}{\partial \varepsilon} = \frac{1}{\dot{\varepsilon}} \frac{d\dot{\varepsilon}}{d\varepsilon} = \frac{\sqrt{3}}{\dot{\gamma}} \frac{d\dot{\gamma}}{d\gamma} \qquad (3.18)$$

La condition pour des bandes de cisaillement sera alors :

$$\beta = -\frac{\sqrt{3}}{m}\left[\mu + \frac{\partial \tau}{\partial T}\bigg|_{\gamma,\dot{\gamma}}\left(\frac{1}{\tau}\frac{dT}{d\gamma}\right)\right] \qquad (3.19)$$

Où, m est le taux de sensibilité de contrainte et μ, un paramètre de contrainte de durcissement.

Cette équation peut aussi prendre une forme plus élaborée :

$$\beta = -\frac{\sqrt{3}}{m}\left(\mu + \frac{0.9\left(\frac{\partial \tau}{\partial T}\right)}{\rho_c\left(1+1.328\sqrt{\frac{K_1\gamma}{V_c f}}\right)}\left[\mu\gamma + 1 - \frac{0.664\sqrt{\frac{K_1\gamma}{V_c f}}}{1+1.328\sqrt{\frac{K_1\gamma}{V_c f}}}\right]\right) \qquad (3.20)$$

On remarque selon cette équation que la forme du copeau dépend de plusieurs paramètres caractérisant le matériau de la pièce ainsi qu'aux conditions de coupe dont la vitesse de coupe et d'avance sont les principales. Si on fait varier que la vitesse de coupe en gardant tout le reste invariable on change considérablement la valeur de β et donc la forme du copeau de continu à dentelé par exemple, ce qui influence considérablement la production de poussières. Ce paramètre est peut être exploité non seulement pour la vitesse de coupe mais pour l'ensemble de conditions de coupe et propriétés du matériau. L'influence de la vitesse n'est pas uniquement sur la forme du copeau mais touche d'autres points. L'usinage à grande vitesse n'augmente pas seulement la productivité mais donne aussi un meilleur fini de surface, avec de très bonnes précisions. À très hautes vitesses on peut avoir une bonne stabilité d'usinage (moins : de vibration, de transfert de la chaleur entre le copeau et l'outil), ce qui augmente la durée utile de l'outil. En plus, à cette gamme de vitesse on produit moins de poussières. Les Figures 3.16 ci-dessous montre qu'il y à trois plages de vitesse dont les émissions se comportent différemment : à des vitesses très basses la quantité de poussière est négligeable, puis elle augmente considérablement avec la vitesse pour arriver à un sommet et finira par décroître de manière impressionnante, ce qui est très bénéfique écologiquement. Ces résultats ont été obtenus pour des alliages d'aluminium (6061-T6, A356) et des alliages de cuivre (*laiton* 70-30) dans le cas du perçage.

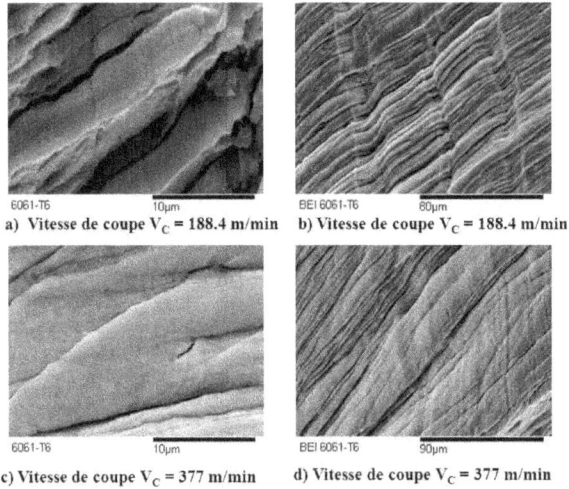

a) Vitesse de coupe V_C = 188.4 m/min   b) Vitesse de coupe V_C = 188.4 m/min

c) Vitesse de coupe V_C = 377 m/min   d) Vitesse de coupe V_C = 377 m/min

Figure 3.16   Micrographie des copeaux selon vitesses de coupe et agrandissement différents
(Songmene et al, 2002)

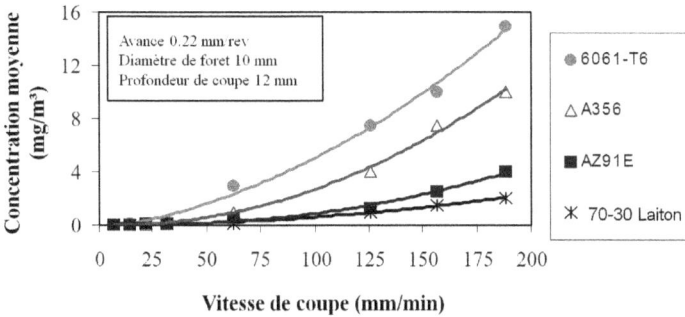

Figure 3.17 L'effet de matériau sur l'émission de poussière (Songmene et al, 2002)

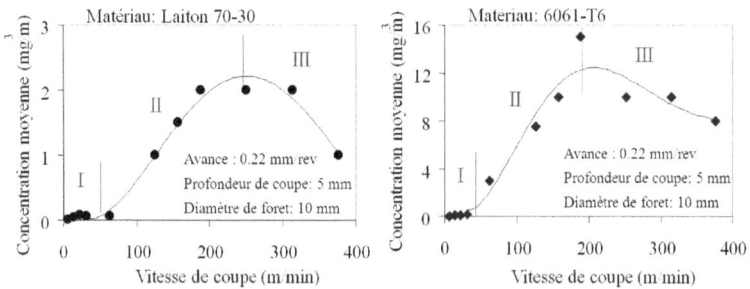

Figure 3.18 L'analyse des émissions en fonction de la vitesse de coupe (Songmene et al, 2002)

Au stade II des vitesses, on observe une proportionnalité directe entre la concentration et la vitesse. Une relation empirique a été établie à cette plage de vitesse et formulée comme suit :

$$P_C = A \cdot V_c^{\,p} \tag{3.21}$$

P_C est la concentration de poussières ; V_C est la vitesse de coupe ; p est la constante déterminée expérimentalement qui dépend essentiellement de la ductilité du matériau. p est typiquement dans une plage de vitesses de 30 à 200 m/min, prend la valeur de 1.8 pour les alliages durs de fonderie (A356 & AZ91E) et entre 2.0 et 2.5 pour des alliages de corroyage (6061-T6 & *Laiton* 70-30).

86

3.8.3   Influence de la profondeur de coupe

La profondeur de coupe à une grande influence sur les émissions de poussière en usinage.
Il a été montré en perçage qu'au début (à petite profondeur) la production de poussières est
très importante, mais après une certaine profondeur on remarque un chut considérable
jusqu'à ce qu'il devient très minime (Songmene et al, 2004). La figure au dessus montre cette
influence pour les alliages d'aluminium (corroyage et fonderie) et les alliages de cuivre
(*laiton* 70-30).

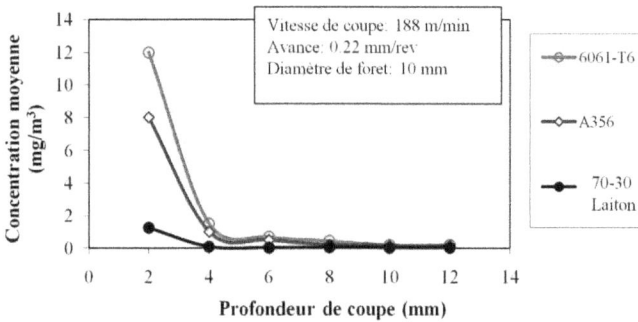

Figure 3.19   La concentration de poussière en fonction de la profondeur de coupe (Khettabi,
2009)

3.8.4   Influence du diamètre de forêt en perçage

L'augmentation du diamètre du foret en perçage à un effet sur la génération de poussières
seulement pour une petite profondeur. Autrement dit, dans le cas seulement de pré trous.
Mais au plus profond où la concentration de particules de poussière chute, les forets de
différents diamètres produisent presque la même quantité de poussières fines. La figure
suivante montre cette influence, pour deux diamètres différents (10 et 4) (Songmene et al,
2004). A petite profondeur, et avec des petits diamètres, on produit moins de poussières
qu'avec des grands diamètres. Cela est dû essentiellement aux vibrations produites à ce
niveau, comme la montre la figure ci-dessous.

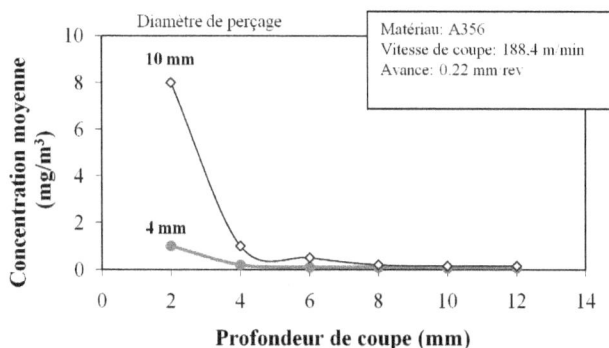

Figure 3.20   La concentration de poussières en fonction de la profondeur de coupe et du diamètre de l'outil (Khettabi, 2009)

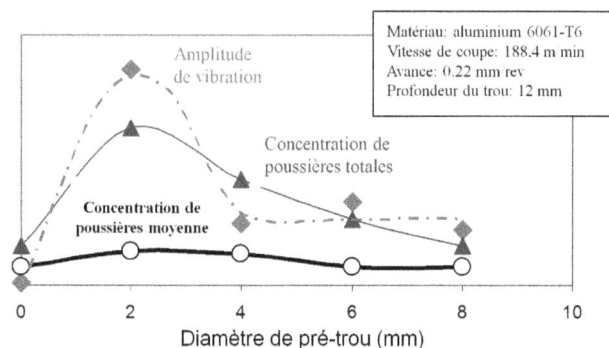

Figure 3.21   les vibrations en fonction du diamètre (Songmene et al, 2004)

3.8.5   Influence de l'avance

L'augmentation de l'avance s'accompagne d'une augmentation de l'effort de coupe et parfois de vibrations. On observe souvent une augmentation de la quantité de poussières. Des tests ont été réalisés en perçage montrent que cette proportionnalité est beaucoup prononcée pour des alliages d'aluminium et, sensiblement moins pour les alliages de cuivre (Songmene et al, 2004). Les Figures 3.22 et 3.23 au-dessous montrent ces résultats pour deux vitesses de coupe différentes.

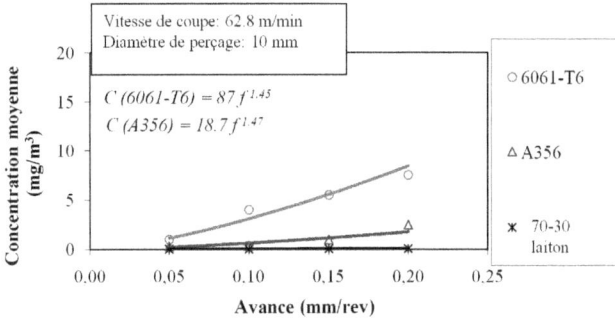

Figure 3.22   La concentration de poussières en fonction de l'avance pour une vitesse de coupe 62 m/min (Songmene et al, 2004)

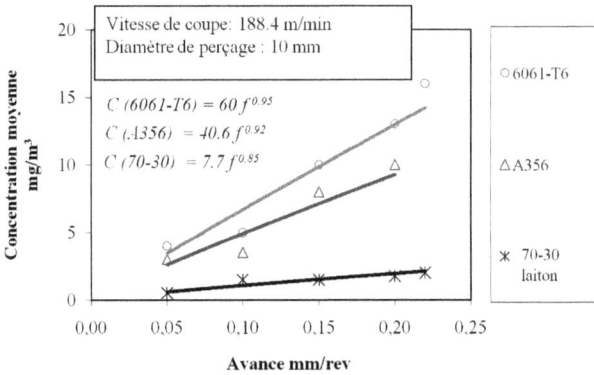

Figure 3.23   La concentration de poussières en fonction de l'avance pour une vitesse de coupe 188.4 m/min (Songmene et al, 2004)

Ce comportement est lié au caractère ductile fragile du matériau. Les deux lois empiriques suivantes représentent la relation entre la force normale et tangentielle et l'avance (Dolinsek et al, 2004).

$$F_n = B \cdot f^{\,n} \tag{3.22}$$

$$F_t = E \cdot f^{m} \tag{3.23}$$

Avec *B* et *E* des constantes définis expérimentalement ; les exposants *n* et *m* représente le caractère ductile fragile du matériau.

Par analogie, cela peut servir pour poser une autre relation entre la concentration de poussières et l'avance. Pour une vitesse de coupe assez élevée 188.4 m/min, la relation peut être posée sous la forme suivante (Songmene et al, 2004).

$$P_C = K \cdot f^{\lambda} \qquad (3.24)$$

P_C est toujours la concentration de poussières, *K* constante dépend du matériau de la pièce (plus grande pour matériau ductile et petite pour un fragile) et λ est constante qui dépend de la vitesse de coupe : $V_C = 188.4$ m/min ($\lambda = 0.9$) ; $V_C = 62.8$ m/min ($\lambda = 1.45$).

3.8.6   Influence de l'angle de coupe

L'augmentation de l'angle de coupe fait augmenter la longueur du contact du copeau et diminue son épaisseur. Cela peut influencer considérablement la production de poussière. Un copeau long produit dans le cas général plus de poussière qu'un copeau court, mais l'épaisseur du copeau peut aussi influencer les émissions de poussières.

L'augmentation de l'épaisseur, augmente probablement la génération de poussières. Dans le cas où la longueur et l'épaisseur sont conditionnées, on cherche un compromis pour une production minime. Cela fait appel à une optimisation, qui nécessite de l'expérimentation sur le matériau en question. La figure suivante montre l'influence de l'angle de coupe γ sur le refoulement du copeau.

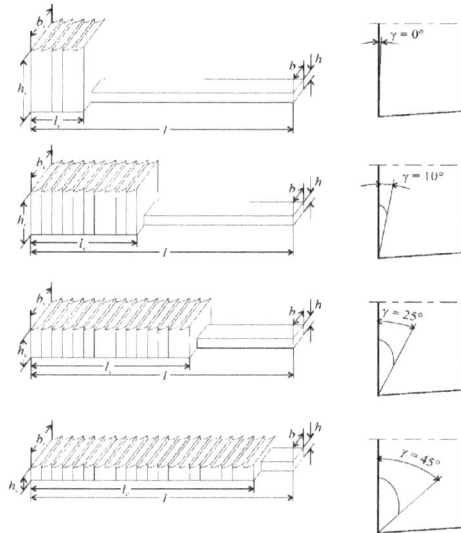

Figure 3.24   Influence de l'angle de coupe γ sur le refoulement du copeau (Khettabi, 2009)

3.8.7   Influence des traitements thermiques

Comme la quantité de poussière générée en usinage dépend de la forme du copeau, et que ce dernier à son tour dépend du matériau de la pièce, la quantité de poussière doit forcément dépendre du matériau de la pièce. La structure du matériau de la pièce peut être modifiée essentiellement par traitements thermiques pour les matériaux sensibles à ce genre de transformation. Les alliages d'aluminium 6061, sont le bon exemple. On change considérablement sa dureté par des traitements thermiques (entre 45 à 95 HRB). Il a été prouvé que l'alliage 6061-T6 produit plus de poussières que le 6061-T4 (Balout et al, 2007). Par contre pour le 2024-T6 et 2024-T4, la quantité ne change pas et reste-la même. La raison qu'elle a été observée, est que l'épaisseur du copeau ne change pas dans le cas du 2024, alors qu'il augmente entre le T6 et le T4 dans le cas du 6061. Il faut aussi signaler que la dureté pour le 2024 entre le T6 et le T4 change seulement d'environ 4 %, alors que dans le cas du 6061 et entre T6 et T4, la dureté HB change presque de 48 % (de 65 à 95).

3.9 Émissivité des matériaux

La dangerosité de poussières générées lors d'une opération d'usinage provient généralement de la nature du matériau usiné. Par exemple, l'aluminium, le titane, le magnésium, le zirconium et les matériaux composites utilisés dans l'aéronautique peuvent générées des poussières dangereuses et explosives (Eckhoff, 1991; 1996). En parallèle, l'augmentation de la consommation de métaux de 300 % dans les cinquante dernières années a augmenté les largages anthropogéniques d'éléments métalliques d'un facteur de trois. Une liste de 14 éléments métalliques à risques pour la santé humaine a été proposée par l'Académie des Sciences. Ces éléments sont Pb, Hg, Cd, As, Al, Li, Co, Be, Cr, Cu, Ni, Se, V et Zn. Certains éléments, tels que Cr, As, Se et Hg peuvent changer leur degré d'oxydation, provoquant la réduction ou l'augmentation de leur mobilité et/ou de leur toxicité (Belabed, 1994). L'EPA (*Environmental Protection Agency*) trouve que même à faibles concentrations, certains métaux peuvent causer des effets pulmonaires aigus (EPA, 1995). Des éléments comme l'As ou le Be, V, Cr et le Zn, provoquent des maladies très graves : cancer, bérylliose, etc. (Lauwerys, 2007). Ce sont souvent les éléments d'alliage qui présentent le plus de risques, comme le nickel, le cobalt, le chrome, le vanadium, le tungstène (Poey, 2000). Ces éléments se retrouvent aussi dans les outils de coupe, et par le processus de leurs usures il est fort probable que des poussières d'outil soient présentes en suspension.

3.9.1 Alliages d'aluminium

L'aluminium et ces alliages sont parmi les meilleurs matériaux en termes d'usinabilité. Or, il faut prendre en considération certains points.

- tout comme les autres alliages légers qui diminue les effets d'inertie et permet des vitesses de rotation et de translation élevées en usinage.
- grande conductivité thermique favorise le transfert et l'évacuation de chaleur avec le copeau (bon refroidissement)

- les alliages contenant de 2-3 % de *Si* usent plus rapidement les outils, ce qui oblige la réduction de la vitesse de coupe. Au delà de 10 %, l'usinage devient difficile.
- il a été monté plus haut que la concentration de poussière augmente avec l'augmentation de la ductilité, l'avance et la vitesse de coupe dans le stade I & II. Alors que dans le stade III, des très hautes vitesses, on remarque une chute considérable de la concentration de poussières. A cause de la fragilité des alliages de fonderie, ils produisent moins de poussières fines ($\leq$ 2.5 microns).

La figure 3.25 fait la comparaison entre différents matériaux à deux vitesses différentes. Cette figure montre nettement que l'alliage A356 produit beaucoup moins de poussières que l'alliage 6061-T6 malgré que ce dernier soit un alliage à haute résistance dans la famille des alliages de corroyage. L'effet de la température pour les deux matériaux (6061 et A356) est néfaste à cause de l'effet de ramollissement du matériau qui améliore la ductilité et par conséquence, augmente la génération de poussière.

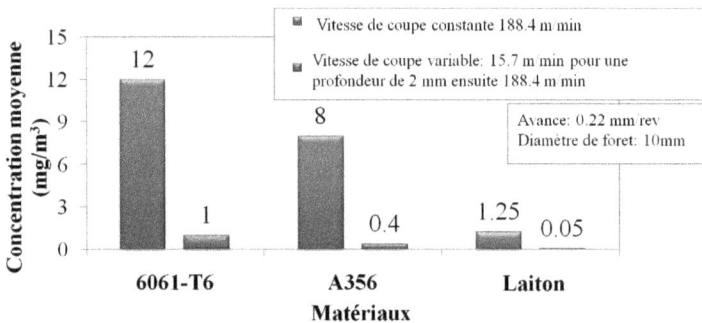

Figure 3.25   La concentration moyenne par rapport à différents matériaux pour deux vitesses de coupe (Songmene et al, 2004)

3.9.2   Alliages ferreux

Les alliages à base de fer regroupent les aciers au carbone, les aciers inoxydables, les aciers durs à outil et les fontes.

3.9.2.1 Les aciers au carbone

On peut les retrouver sous plusieurs formes, dépendamment la technique de fabrication utilisée :

- Laminé à chaud, le matériau est exposé à des températures très hautes durant sa mise en forme, sa structure est proche de brute (inhomogène)
- Normalisé, chauffage au domaine austénitique et, après chaque transformation austénitique le matériau est refroidi à la RT. Cela est pour obtenir des grains fins et une structure plus homogène que celle de l'état travaillé chaud. La normalisation vise principalement à améliorer le comportement de dureté du matériel
- Recuit, l'état recuit est dans la plupart des cas améliore la ductilité. Comme le cas où le matériau a eu un procédé de recuit adoucissement dans le but de ramollir réellement le matériel. Ceci fait transformer les lamelles de cémentite de la perlite en cémentite sphéroïdale. En usinage, l'arête de coupe va couper dans la zone dure et abrasive (cémentite) à plus courte distance que dans le matériau à l'état non recuit. Faible quantité de perlite est bénéfique. Plus le contenu de carbone est inférieur, plus élevé le contenu de la perlite donnant l'usinabilité optimale.
- Recuit adoucissement, le recuit doux ne devrait pas être confondu avec le recuit de détente. Comme le nom indique, parce que le recuit de détente prévoit pour libérer des efforts accumulés en matériau pendant le refroidissement ou à une opération de travail à froid. Si laissé rester, de tels efforts peuvent être libérés pendant l'usinage, affectant de ce fait rectitude, tolérances et fini. Le recuit de détente est effectué à basse température et ne devrait pas affecter la structure et ne peut pas avoir beaucoup d'effet sur l'usinabilité. Le matériau à l'état de travail à froid est généralement exposé soit à la normalisation soit au recuit d'adoucissement. Le travail à froid en général est pour les petites pièces. Le travail à froid est favorable du point de vue usinage (améliore le fini de surface, réduit BUE, réduit la formation des bavures)

94

- Éléments d'alliages P, Fe₃P avec Fe eutectique abaisse la Tf, S Fe₂S avec Fe donne un autre eutectique. Les éléments négatifs qui augmentent les forces de coupe, les vibrations ainsi que l'usure de l'outil en usinage sont : Mn, Ni, Co, V, C (- 0.3 et + 0.6) Mo, Nb, W. Tandis que les éléments positifs qui abaissent les forces de coupe, les vibrations ainsi que l'usure de l'outil en usinage sont : Pb, S, P, C (0.3-0.6).
- Le Ti est un élément stabilisateur dans les aciers.
- Plusieurs cycles de TT peuvent donner approximativement la dureté voulue. La dureté locale des constituants sera variée alors que la dureté macroscopique garde le même ordre de grandeur.
- Acier extra doux (< 0.2 % C) on cherche en général une structure ferrite/perlite à grain fin. Une déformation permanente, par exemple un étirage modéré, est favorable.
- Acier mi doux (0.2 à 0.7 % C) un compromis doit être trouvé entre structure globulaire souvent optimale pour les opérations de finition et la structure lamellaire répartie uniformément est souhaitable en ébauche.
- Acier à fort C (> 0.7 % C) on cherche dans tous les cas une bonne globalisation.

La structure en bande est un élément perturbateur très important à basse vitesse (brochage en particulier) et quand l'outil se déplace dans un plan parallèle aux bandes. Ce genre de structure est dû à une répartition hétérogène d'éléments d'addition (cas des aciers alliés), comme le P dans les espaces inter dendritiques à la solidification. Le C lors du recuit, se déplace dans les espaces à faible teneur en P. Au refroidissement, la ferrite pro-eutectoïde prend naissance dans les zones riche en P et il y a apparition de bandes alternées ferrite/perlite. Par ailleurs la taille des grains joue un rôle important : il est admis qu'un gros grain limite l'usure de l'outil alors qu'un grain fin permet un meilleur état de surface de la pièce. Le TT et TC optimal doivent être définis en tenant compte :

- Type d'usinage
- Coût de chaque TT ou TC

- Traitement massique ou superficiel sur la pièce finie
- Les aciers à faible teneur de carbone (1010 et 1020). Ce type d'acier ne doit pas dépasser 0.25 % de carbone. Il n'a aucune sensibilité aux traitements thermique mais sensible à l'écrouissage. Très mous et faible avec une ductilité très intéressante, il est facile à usiner, mais il produit un copeau long et continu.

Dans ce cas les variations des forces de coupe sont relativement faibles et le fini de surface obtenu est le meilleur à haute vitesse (à basse vitesse, il y a le problème de l'arête rapportée qui donne un mauvais fini de surface). Ces copeaux sont les plus difficiles à évacuer et les plus encombrants. A cause de la ductilité importante et dépendamment d la longueur du copeau, ce type d'acier doit produire plus de poussières que les aciers durs ou les fontes.

3.9.2.2 Aciers durs

La recherche et l'analyse systématiques du copeau et de la surface usinée peuvent fournir des informations très importantes pendant l'usinage conventionnel et à grande vitesse de l'acier dans leur état durci. Des travaux remarquables de Dolinsek et al, (2004) ont été réalisés sur des aciers durs (grade X63CrMoV51). La composition en % est : C 0.62, Si 1.0, Mn 0.59, P 0.017, S 0.004, Cr 5.46, Mo 1.21, V 0.46, Cu 0.26, Al 0.028. Sur la base de l'évaluation de forme de copeau obtenu pendant l'usinage de l'acier étudié, l'usinage à grande vitesse apparaît avec les vitesses de la coupe au-dessus de 150 m/min (en fraisage). Avec l'augmentation de la vitesse de coupe la fréquence de segmentation de copeau augmente également tandis que l'épaisseur du copeau et la grandeur de segments, diminue en même temps que la partie déformée, comme le montre la Figure 3.26.

La variation de l'épaisseur du copeau dépend aussi de l'angle de cisaillement ce qui montre l'influence de la vitesse de coupe sur l'angle de cisaillement aussi. La figure 3.27 schématise ce comportement. Si V_C augmente, l'angle de cisaillement augment, tandis que l'épaisseur du copeau diminue.

Vitesse de coupe	f=0.15 mm/rev	f=0.25 mm/rev
480 m/min		
240 m/min		
120 m/min		
60 m/min		

Figure 3.26   Morphologie du copeau en fonction de la vitesse de coupe (Moufki et al, 2004)
(Coupe orthogonale, angle de coupe -3°, angle d'inclinaison 0°, acier 4142)

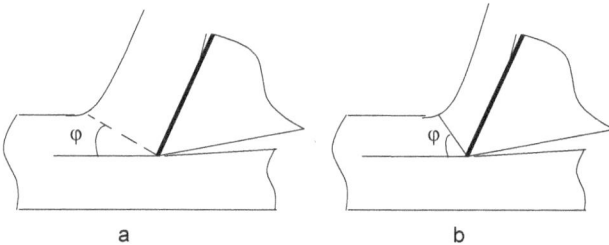

Figure 3.27   a) Basse vitesse de coupe, b) Haute vitesse de coupe

Au fur et à mesure que la vitesse de coupe augmente, l'adoucissement thermique pendant le processus de déformation plastique devient plus grand, alors que la partie du segment, qui est exposé à l'influence de l'adoucissement thermique, devient plus bas (la couche blanche). Au fur et à mesure que la fréquence de segmentation de copeau augmente, la partie déformée de zone de coupe diminue.

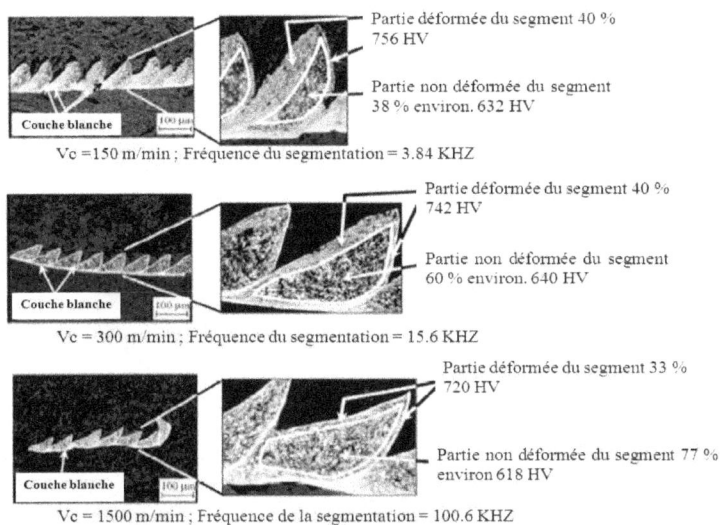

Partie déformée du segment 40 %
756 HV

Partie non déformée du segment
38 % environ. 632 HV

Couche blanche   100 µm

Vc =150 m/min ; Fréquence du segmentation = 3.84 KHZ

Partie déformée du segment 40 %
742 HV

Partie non déformée du segment
60 % environ. 640 HV

Couche blanche   100 µm

Vc = 300 m/min ; Fréquence du segmentation = 15.6 KHZ

Partie déformée du segment 33 %
720 HV

Partie non déformée du segment 77 %
environ 618 HV

Couche blanche   100 µm

Vc = 1500 m/min ; Fréquence de la segmentation = 100.6 KHZ

Figure 3.28   Différentes formes et déformation du copeau à des vitesses différentes
(Dolinsek et al, 2004)

Sur le plan de coupe, il y a une couche blanche avec une épaisseur approximativement constante, tandis que sur la surface usinée la couche blanche apparaissait comme particules, mais seulement dans l'usinage avec une plus petite avance. Le phénomène d'une couche blanche a été identifié dans les années 40 du siècle dernier. Pour les conditions d'usinage utilisées dans cette recherche, les valeurs du micro -dureté de la couche blanche dans le plan de coupe est toujours plus grande que celles mesurées du copeau et la surface usinée (une différence moyenne est environ 30-35%). La raison des valeurs plus élevées de micro -dureté de la couche blanche dans le plan de découpage est liée à la nature du processus de transformation du matériau de travail (des charges plus élevées dues au contact constant au plan de coupe). Les particules apparentes sur la surface usinée de couleur blanche justifient, qu'elles ont subi une grande déformation et surtout avec petite avance. Ce genre de particules est gros, mais témoigne que même la surface engendrée produit de la poussière. Peut être que la plus grande partie de la poussière fine est produite dans le plan de coupe (cisaillement).

98

A très haute vitesse, on remarque que la partie déformée diminue et les segments se resserrent en augmentant le nombre de segment par conséquence. Ceci influence directement la quantité de poussière fine produite.

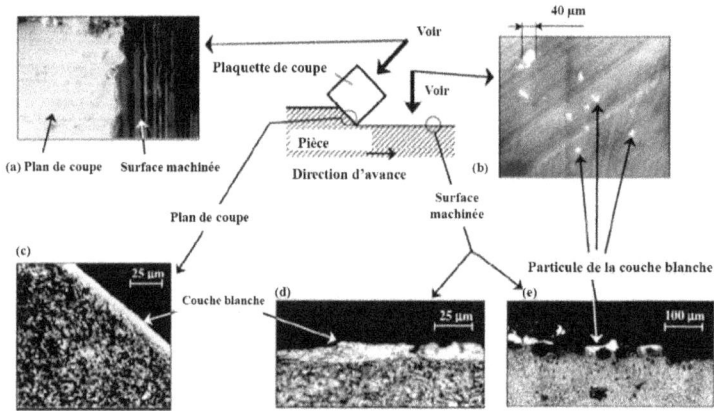

Figure 3.29   Explorations typiques : (a et b) photo de microscope électronique de balayage ; (c-e) photo de microscope optique (Dolinsek et al, 2004)

3.9.2.3 Acier 1045

Les travaux qui ont été réalisés pour voir l'émissivité en matière de poussière, étaient sur les aciers 1045 (Balout et al, 2007). Comme les alliages d'aluminium, l'augmentation de la dureté dans les aciers augmente la concentration moyenne de poussières. Cependant cette augmentation est due principalement à l'augmentation de la longueur du copeau. Ce qui augmente la friction et probablement l'écaillage sur la face extérieure du copeau.

3.9.2.4 Les aciers inoxydables

Les aciers inoxydables contiennent essentiellement du Cr et du Ni. Les deux grandes classes largement utilisées sont (18-10 et 18-8). L'angle de coupe a une grande influence sur l'usinage des aciers inoxydables austénitiques. Dans les mêmes conditions de coupe (V_C = 180 m/min, avance : 0.3 mm/tour, et une profondeur de coupe de 3 mm), mais avec deux angles de coupe différents, les copeaux obtenus sont complètement différents (Cordebois et al, 2003). A γ = 5°, le copeau est moins continu que dans les aciers purs ou à faible teneur en carbone, et la variation du processus mène à la fluctuation des forces de coupe qui donnent une ondulation de la surface usinée. Tandis qu'à un angle plus grand (15°), le copeau est plus continu et plus stable avec de petites variations de l'effort de coupe ce qui donne un fini de surface mieux. D'ailleurs, le composant de la force tangentielle est plus près de l'arête de coupe avec ce matériau qu'en usinant l'acier pur.

L'angle d'écoulement du copeau ainsi que sa forme se détermine par le principe de moindre énergie, en minimisant l'énergie totale de coupe. La géométrie de l'outil (angle de coupe, rayon du bec etc.), à une grande influence sur la forme du copeau dans l'usinage des aciers inoxydables. Un changement de géométrie du support outil influence les forces de coupe ainsi que la formation du copeau. La figure suivante montre l'apparition d'un copeau principal et secondaire qui varient en fonction de la géométrie de support outil, en tournage d'un acier inoxydable de la nuance suivante : C = 0.05%, Mn = 1.17%, P = 0.34%, S = 0.24%, Si = 0.29%, Ni = 9.14%, and Cr = 18.45%. La dureté moyenne est de 168 HB. La quantité de poussières produite lors de l'usinage des aciers inoxydables dépend de plusieurs facteurs qui se combinent pour la minimiser.

Un copeau plus long et fortement déformé produit plus de poussières dans la majorité des cas. La forme du copeau est fonction de la microstructure et les paramètres de coupe. La géométrie de l'outil influence considérablement la forme du copeau et par conséquence, peut engendrer une augmentation significative de la quantité de poussières fines lors de l'usinage des aciers inoxydables.

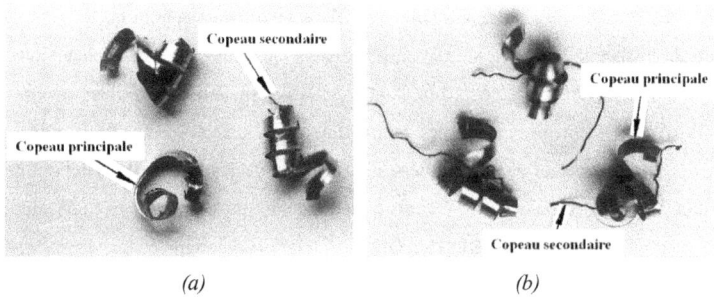

(a)   *(b)*

Figure 3.30   Forme de copeau principal et secondaire selon deux supports outil différents en tournage d'un acier inoxydable (Chang and Tsai, 2003)

Du point de vue structure du matériau, la ferritique s'usine mieux, la martensitique vient en second et l'austénitique est la plus dure à usiner, mais mieux que les aciers inoxydable type duplexe. En matière de poussières fines, l'usinage des aciers inoxydables est peu connu et toute tentative d'interprétation sans s'appuyer sur des bases solides (généralement expérimentales), risque de déformer la réalité scientifique. On peut se baser seulement dans ce cas avec certaine prudence, sur la forme du copeau.

3.9.2.5 Les fontes

Les fontes en général, sont beaucoup plus fragiles que les aciers à cause de leur structure et de la porosité importante qui contiennent. Les fontes sont des matériaux très économiques, s'obtiennent seulement par fonderie. Donc en usinage, donnent moins de poussières que les aciers, mais en général un mauvais fini de surface, à cause des défauts qu'elles contiennent.

- la fonte grise est matériau cassant, elle produit des copeaux élémentaires. Le matériau casse le long du plan de clivage, qui remplace dans ce cas le plan de cisaillement. La formation des copeaux élémentaires est accompagnée de perturbations des forces de coupe. Il est donc difficile d'obtenir un bon fini de surface usinée. Ces copeaux sont peu encombrants et faciles à évacuer. En terme de production de fines poussières c'est bénéfique ce type de copeau.

- la fonte blanche contient une forte proportion de cémentite (50 % environ). Elle est donc, très dur à usiner et presque impossible avec certain outil standard. Elle est utilisée comme dans les équipements de broyage. Son usinage par des outils de dureté extrême, ne produit pas de poussières fines en général.

- la fonte malléable est relativement facile de la mettre en forme par déformation plastique. Son usinabilité est meilleure et donne un meilleur fini de surface, mais produit plus de poussière par rapport à la fonte grise ou blanche, à cause de sa ductilité importante.

- la fonte GS contient des nodules de graphite sphérique, qui améliore considérablement sa ductilité. Et dépendamment de la matrice, elle produise des copeaux différents. À matrice ferritique, le copeau est long ce qui donne plus de poussières. À matrice perlitique, l'usure s'accélère ainsi que des micros variations de l'effort de coupe qui s'accompagne donc par des vibrations du système en produisant un mauvais fini de surface.

Fontes ferritiques avec plus de Si, est plus dur et moins ductile. A matrice plus perlitique est plus dur et difficile à usiner. A fins grains et lamelles de perlite dure à usiner. Carbure libre +5 % dans la matrice donne moins d'usinabilité. Le Carbure dans la matrice perlitique est néfaste pour l'usinabilité, alors que dans la ferrite est seulement repousser. Impuretés peuvent baisser légèrement l'usinabilité. En général, plus de dureté veut dire plus de résistance dans les fontes et donc moins d'usinabilité et aussi moins de poussière.

3.10   Conclusions

Les études traitant de l'incidence de l'usinage sur la qualité de l'air sont assez peu nombreuses et sont confinées à quelques équipes de recherche au niveau mondial. Quant aux matériaux étudiés au cours de ces travaux, on retrouve essentiellement les aciers, les alliages d'aluminium et du bronze. Considérant l'aspect qualité de l'air dans les industries manufacturières, une attention particulière doit être portée à l'usinage à sec qui a la propension à produire des poussières métalliques. Les travaux de Malshe et al (1998) indiquent que la majorité des poussières générées lors de l'usinage sont constituées de particules ultrafines (d < 1 micron). Dasch et al (2005) ont mesuré directement la distribution des poussières générées lors d'usinage dans un atelier pleine échelle. Un échantillonnage de la gamme complète des tailles des particules métalliques a été réalisé sur 16 procédés. Leurs résultats montrent qu'on génère plus des particules ultrafine que des grosses particules (Dasch, 2005). Des travaux faits par Tönshoff (1992 ; 2000) en Allemagne ont montré que sans un système d'aspiration des poussières, les émissions des poussières fines et ultrafines lors de la rectification représente un réel danger pour la santé des opérateurs car ces émissions dépasseraient la limite permise en Allemagne.

Sutherland et al. (2000) ont démontré que la vitesse de coupe, l'avance de l'outil et la profondeur de coupe sont des variables clés dans la formation de poussières lors de l'usinage de la fonte. Khettabi et al (2010a ; 2010b) montrent que l'émission de poussières fines diminue avec l'augmentation des vitesses de coupe et que les matériaux fragiles produisent plus de poussières que les matériaux ductiles et les métaux en produisent davantage que les alliages. Balout et al (2007) et Songmene et al (2008a) ont expliqué la génération des poussières par le phénomène de friction. Les zones de friction génératrices de poussières sont décrites dans la Figure 3.25 qui représente les zones de frottement dans le cas d'une opération de rainurage en fraisage. Balout et al (2007) et Songmene et al (2008) ont définies cinq différentes sources d'émission de particules dont certaines sont propres au perçage (goujure hélicoïdale).

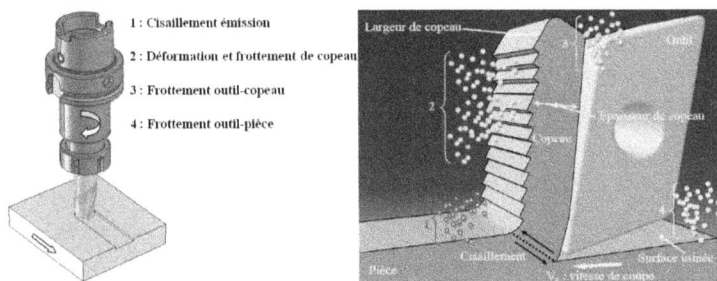

Figure 3.31   Zones de production de poussières dans le cas du fraisage
Adaptation de (Balout , 2007 ; Songmene, 2008a)

En santé et sécurité au travail l'élimination à la source est perçue par le patronat comme les syndicats comme la seule solution viable à long terme (WHO, 1999). L'élimination à la source peut se faire à trois niveaux : l'émission, la substance indésirable et les pratiques de travail. Les procédés de production ou de fabrication peuvent être améliorés en appliquant des méthodes qui génèrent moins de particules. Pour ce qui est des matériaux, ou de la nature des poussières, on peut changer les matériaux pour adopter ceux qui génèrent moins de poussières. Si la substitution n'est pas possible, les stratégies de réduction à la source des particules doivent être recherchées ou développées.

CHAPITRE 4

PROCÉDURE D'ÉCHANTILLONAGE DES PARTICULES METALLIQUES
D'USINAGE

4.1 Introduction

L'interaction entre le procédé d'usinage, le matériau et la génération des particules est méconnue. Une des difficultés pour comprendre la formation de ces particules réside dans les problèmes liés à l'échantillonnage et l'analyse. Les mesures faites à l'air libre et loin de la source sont intéressantes pour tester la qualité de l'air mais ne sont pas appropriées pour étudier l'émissivité des procédés ou des matériaux et ont aussi pour effet d'accroître le temps de mesure. De plus, les méthodes employées habituellement en hygiène du travail pour les aérosols ne sont pas adaptées et ne permettent pas de détecter ou de caractériser adéquatement ces particules. L'évaluation des émissions des particules métalliques en relation avec les procédés, les matériaux ou toute autre variable contrôlable doit se faire avec des méthodes à sensibilité élevée. L'objectif principal du présent chapitre est de développer une procédure de prélèvement et de préparation des substrats adaptées aux particules manufacturées et aux différents microscopes utilisés (MEB, MET et AFM). Cette technique sera appliquée aux procédés d'usinage afin de pouvoir caractériser ces procédés en termes de production de particules et améliorer de la mesure.

4.2 Échantillonnage

Par différents moyens, il est possible de capter et de fixer des particules générées par les procédés d'usinage ou par le frottement sur des substrats afin de les caractérises par la microscopie électronique à balayage, à transmission ou à force atomique. L'échantillonnage des particules fines et ultrafines au cours de l'usinage se fait sur des substrats en métal ou en polycarbonates (PC). L'échantillonnage est assuré par un pompage ou aspiration de l'air provenant de la zone de coupe ou proche de cette zone. Une enceinte est généralement utilisée au laboratoire d'usinage afin d'enfermer le volume d'air qui contient les particules émises par le procédé d'usinage (Figure 4.1.*a*).

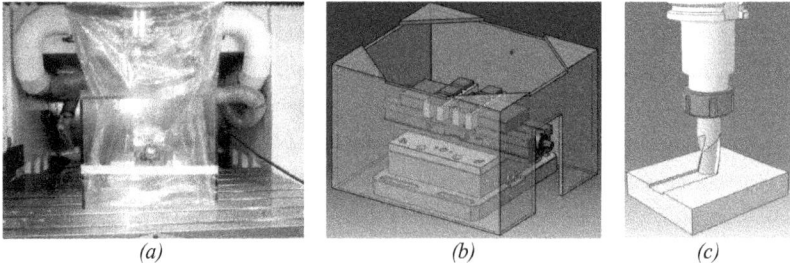

Figure 4.1 Enceinte utilisée afin de confiner le volume d'air qui contient les particules (*a*) et (*b*) émises par un procédé d'usinage (*c*)

Plusieurs instruments peuvent êtres utilisés dont la plupart peuvent classer les particules selon leurs diamètres aérodynamiques ou de mobilité électrique. Selon la méthode adoptée et l'instrument utilisé, les exigences suivantes doivent être prises en considération :

- s'assurer que le substrat est propre et sans aucune impureté avant de procéder à l'échantillonnage ;

- utiliser le substrat et faire la préparation appropriée à la méthode d'analyse souhaitée ;

- calibrer les instruments d'échantillonnage avant de procéder à l'échantillonnage ;

- manipuler les échantillons dans des salles propres et loin de toute contamination ;

- pour une étude fructueuse, assurer la répétabilité et utiliser plusieurs méthodes afin de garantir l'efficacité des instruments et des méthodes.

4.3 Comportement des particules fines et ultrafines durant le procédé de coupe

Lorsque les particules se trouvent projetées à l'extérieur de la zone de coupe, celles-ci suivent les tangentes au profil de découpe de l'outil formant une source d'émission. Pour connaitre la direction prise par les particules lors de leurs générations selon le type d'usinage, une simulation de perçage, de surfaçage et de rainurage a été effectuée sur un bloc de glace sèche (Figure 4.2, 4.3 et 4.4). La figure 4.2 montre la dispersion d'un nuage de particules généré lors d'un procédé de perçage. Une grande partie de ces particules reste piégée au niveau d'un tourbillon engendré par le mouvement rotatif de l'outil. Après avoir quitté cette zone, les particules sont très rapidement dispersées et transportées par les courants. Ce résultat montre que cette dispersion dépend de la nature du champ de vitesse engendré par l'outil.

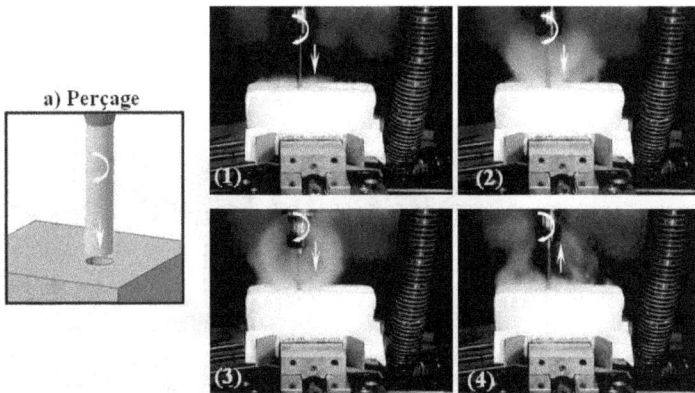

Figure 4.2   Direction prise par les particules émises lors de perçage
(750 m/min, 0.165 mm/tr, diamètre d'outil de 10 mm)

En fraisage, l'enlèvement de matière est le résultat de deux forces locales: tangente à la rotation de la fraise et radial. La figure 4.3 montre que la direction de dispersion de la poussière produite lors d'un surfaçage prend la même direction que la force résultante.

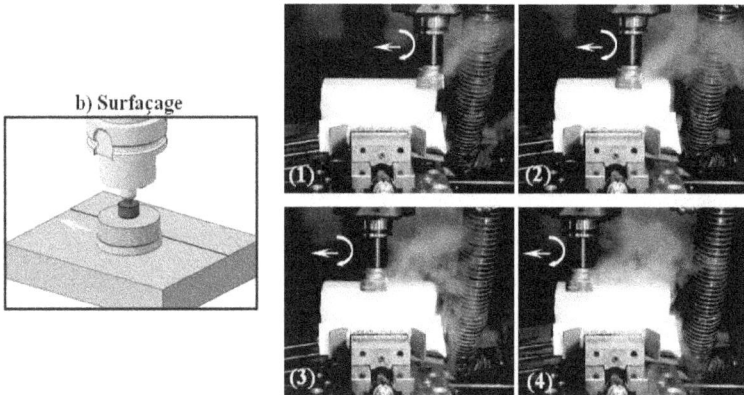

Figure 4.3   Direction prise par les particules émises lors d'un surfaçage
(750 m/min, 0.165 mm/tr, diamètre d'outil de 40 mm)

La figure 4.4 montre dans le cas du rainurage que la plupart de la poussière produite est projetée suivant la fente usinée dans le sens inverse de la vitesse d'avance.

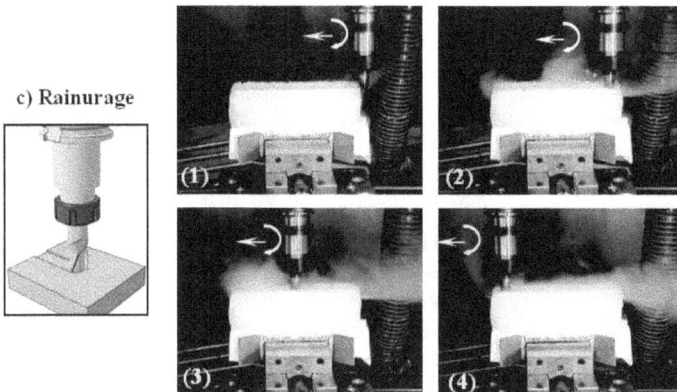

Figure 4.4   Direction prise par les particules émises lors de rainurage
(750 m/min, 0.165 mm/tr, diamètre d'outil de 19 mm)

Il a été observé que la trajectoire possible des particules générées est régie par le type de processus et le champ de vitesse créé par le mouvement rotatif de l'outil. Le comportement de ces particules dans l'air est en fonction de leurs dimensions, de leur géométrie, de leur densité et des paramètres du gaz (température, pression, humidité et vitesse). Pour les fines particules, elles sortent de la zone de coupe à la vitesse de rotation de l'outil et elles se comportent comme un projectile (Figure 4.5.a). Par contre, les particules ultrafines présentent des comportements tout à fait spécifiques (Figure 4.5.b). Elles suivent le champ de vitesse infligé par le mouvement rotatif de l'outil. En suite, elles basculent en suspension à la sortie de cette zone de perturbation. Elles restent en suspension sous l'action de trois forces principales : le poids ($m.g$), la trainée ($-6\pi\eta aU$) et la poussée d'Archimède ($-\left(\frac{4}{3}\right)\pi a^3 \rho g$).

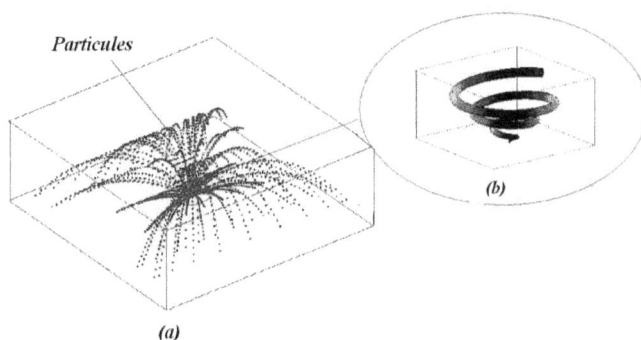

Particules

(b)

(a)

Figure 4.5   Représentation schismatique de la trajectoire possible des particules générées par un procédé de coupe (a) particules à grande inertie, (b) particule à faible inertie

Finalement on peut conclure que la direction de projection de la poussière varie selon le type d'usinage et elle est affectée par les conditions de coupe. Un bon échantillonnage exige donc un système de capture approprié pour chaque type d'usinage. Dans le cas de perçage, l'échantillonnage est assuré par une aspiration de l'air provenant de la zone au-dessus de l'outil (Figure 4.2) par contre pour le fraisage l'échantillonnage est préférable en opposition de la direction d'avance (Figures 4.3 et 4.4).

4.4   Dilution lors d'échantillonnage

La dilution est un procédé consistant à obtenir une concentration finale inférieure à celle de départ par ajout d'un volume d'air propre. Dans le cas de hautes concentrations de particules, il est recommandé d'utiliser un diluer d'air afin d'abaisser la concentration de l'échantillon vue par les instruments de mesure. En effet des concentrations élevées entraînent des entretiens fréquents et peuvent même détériorer les instruments de mesure. Afin de répondre à cette exigence, un diluer a été conçu spécialement pour des essais au laboratoire.

Le diluer doit assurer une bonne flexibilité pour différents montages et avoir certaines caractéristiques :

- utiliser un mélangeur d'air avec régulateur de débit ;
- utiliser, de préférence, une chambre de stabilisation de mélange étanche et munie de deux valves (entrée et sortie) contrôlables ;
- des soupapes anti retour peuvent être intégrées dans les orifices des valves pour ne pas avoir de retour d'air ou de turbulence qui gênent le sens de l'écoulement ;
- il faut que la chambre puisse supporter les pressions appliquées lors de l'échantillonnage ;
- le matériau des parois ne doit pas favoriser le dépôt de particules métalliques sur les parois.

De plus, le montage doit être évalué pour établir son efficacité. En utilisant plusieurs proportions (air échantillonné + air pur), en s'assurant que :

- la stabilité des mesures est bonne aves le SMPS ;
- le rapport entre le débit de l'air échantillonné et l'air pur est optimale (dans notre cas ¾) ;
- les pertes lors de l'échantillonnage sont faibles.

Le schéma suivant (Figure 4.6) montre le montage du diluer lors de l'échantillonnage des particules par un instrument standard tel que le SMPS.

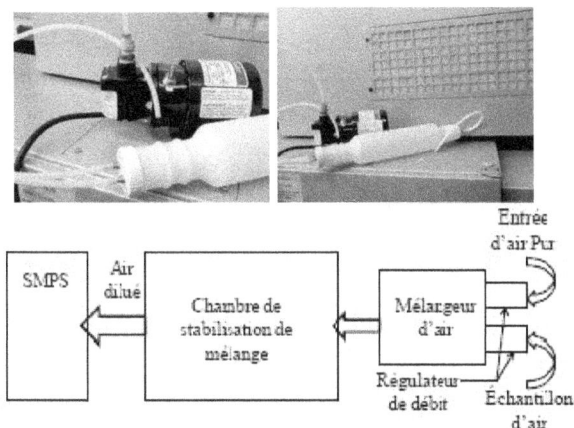

Figure 4.6   Schéma du montage de mesure d'aérosols avec un diluer d'air

Nous présentons ici les résultats de l'étude de l'écoulement et le transport des particules dans un diluer. La Figure 4.7 montre une simulation numérique des deux modes de dilution, le mode dans le même sens d'écoulement (figure 4.7.a) et le mode en opposition (figure 4.7.b). L'ajustement du rapport de dilution peut être effectué de deux façons, soit la diminution du débit d'échantillonnage en gardant le débit de l'air propre fixe ou le contraire.

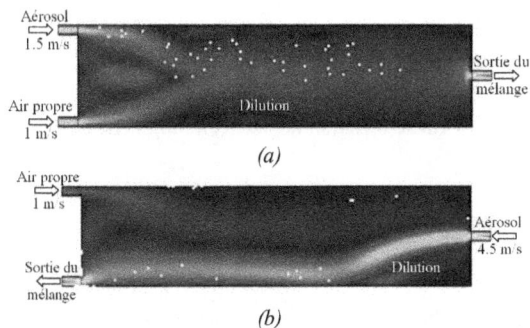

(a)

(b)

Figure 4.7   Dilution avec l'écoulement de l'air propre est dans le même sens que l'écoulement de l'échantillon (a) et en opposition (b)

La dilution se caractérise par un taux de dilution. La concentration initiale de l'aérosol ($C_{initiale}$) a pour volume initial ($V_{initial}$) et la concentration finale après dilution (C_{finale}) a pour volume finale (V_{final}). Le rapport entre les deux concentrations est dit taux de dilution et peut être exprimé par :

$$T = \frac{C_{finale}}{C_{initiale}} = \frac{V_{initiale}}{V_{finale}} \qquad (4.1)$$

Avec : T est un nombre compris entre 0 et 1, sans unité.

L'analyse a montré qu'un taux de dilution de ¾ assure une bonne dispersion dans le volume échantillonné (Figure 4.8).

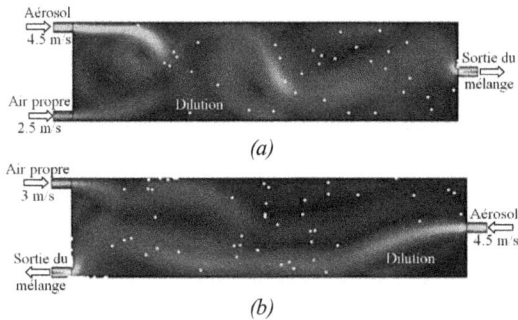

Figure 4.8   Facteur de dilution avec l'air propre ¾ dans les deux cas

4.5   Instrument de caractérisation de particules fines et ultrafines

4.5.1   Préparation des substrats

Pour pouvoir caractériser les particules, il est nécessaire de les récupérer sur un substrat qui peut être utilisé plus tard en microscopie. Deux types de substrat (polycarbonate ou métalliques) ont été utilisés lors de l'échantillonnage. Les substrats en polycarbonate sont

113

généralement préparés pour être utilisés par la suite en microscope électronique à transmission (MET). Par contre, le microscope électronique à balayage (MEB) exige des substrats conductibles. Ce qui nécessite l'utilisation de minces substrats métalliques.

4.5.1.1 Substrats en polycarbonates (PC)

Pour ce qui est des substrats en polycarbonates (PC), un protocole a été développé à l'IRSST pour être utilisé par le MET selon les étapes suivantes (IRSST, 1990) :

- la métallisation par couche de carbone sur le substrat vierge de PC qui donne un filtre pré-métallisé ;
- l'échantillonnage sur le filtre pré-métallisé ;
- la seconde métallisation après l'échantillonnage ;
- la transparisation par transfert d'une partie du filtre sur les grilles en cuivre.

Les étapes de préparation d'un échantillon pour analyse en MET sont présentées dans le tableau suivant :

Tableau 4.1   Étapes de préparation d'un échantillon pour analyse en MET

N° d'étape	Type de préparation	Illustration
0	Type de filtre utilisé : Polycarbonate (PC) 25mm 0,2µm	
1	Filtre vierge de PC + couche de carbone (métallisation) = **filtre pré-métallisé**	
2	**Filtre pré-métallisé** + échantillon (filtration)	
3	Filtre (+ échantillon) + 2e métallisation	
4	Transfert d'une partie du filtre sur grille de Cuivre :	

Le filtre et l'échantillon sur pointe sont donc déposés sur des grilles en cuivre. Ces grilles avaient été préalablement déposées sur un filtre de papier sans cendre imprégné de chloroforme lui-même déposé dans un pétri contenant également du chloroforme. Par effet de capillarité, le filtre de PC est ainsi transparisé. La grille supporte donc l'échantillon pris en « sandwich » entre 2 couches de carbone (Figure 4.9).

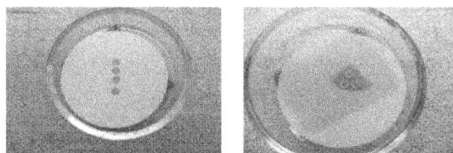

Figure 4.9   Transparisation par transfert d'une partie du filtre sur grille
pour analyse en MET

4.5.1.2 Substrats métalliques

Pour les substrats métalliques plusieurs essais ont été réalisés afin de développer une méthode optimale de préparation pour avoir une meilleure caractérisation par le MEB ou par le microscope à force atomique. Pour le MEB, en général :

- le substrat doit être conducteur d'électricité ;
- le substrat doit être de forme plane ;
- le substrat doit être recouvert d'une couche de métallisation après l'échantillonnage afin d'assurer la fixation des particules ;
- pour une meilleure résolution certains paramètres du MEB seront imposés (Tension 15KV, Intensité de courant 3mA).

L'échantillonnage peut se faire par le NAS, le SMPS, l'APS, le MOUDI ou l'ELPI. Il est très important de connaître le débit d'aspiration afin d'assurer un bon échantillonnage. Avec le MOUDI, le débit est très important et les particules sont déposées sur des substrats d'aluminium ou de cuivre très fin. Il est donc nécessaire d'appliquer une nano-couche après échantillonnage. L'épaisseur de cette couche dépend de la taille des particules déposées (Figure 4.10).

Figure 4.10   Métallisation : *a*) métalliseur *Sputter Coater EMITECH K550x*,
b) substrat avec dépôt d'une couche d'or de l'ordre de 7 nm

Pour assurer une meilleure analyse des particules, il est nécessaire de trouver la valeur optimale d'épaisseur de couche de revêtement. La couche de revêtement est une couche d'or appliquée par un dépôt plasma (*Sputter Coater EMITECH K550x*). Les figures 4.11.*c* et *d* présentent un échantillon des particules collectées durant une opération d'usinage à sec et un substrat vierge sans revêtement (Figures 4.11.*a et b*).

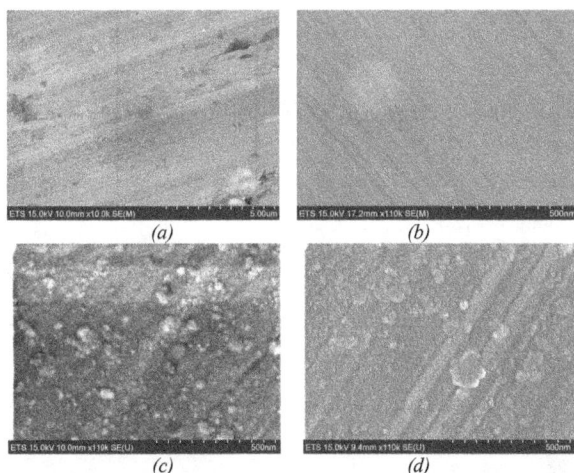

Figure 4.11   Substrat d'aluminium sans métallisation

Une métallisation des substrats a été effectuée après un échantillonnage de particules générées durant une opération d'usinage. Différentes épaisseurs de couches de revêtement du substrat ont été appliquées 7 nm, 14 nm et 21 nm. La figure 4.12 montre les différences observées entre les échantillons de différentes couches de revêtement. Une analyse EDX a été effectuée pour les différentes couches de revêtement. On a distingué que la couche de 14 ou 21 nm observée par le MEB n'est que celle du revêtement (Figure 4.12.*a* et *b*). Par contre, la couche de revêtement de 7 nm a permis d'obtenir des informations sur la nature chimique du matériau usiné. En plus, la couche de 7 nm laisse un bon contraste entre les particules échantillonnées et la couche de revêtement. Pour ces raisons, nous avons maintenu cette valeur durant tous nos essais.

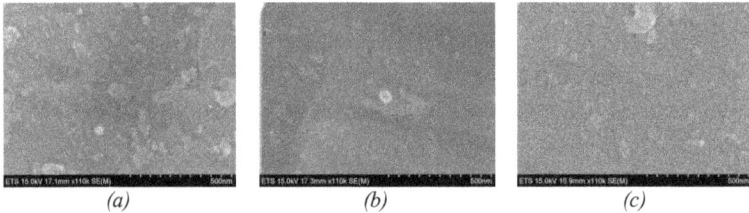

| *(a)* | *(b)* | *(c)* |

Figure 4.12   Différentes épaisseurs de métallisation : *(a)* 21nm, *(b)* 14 nm et *(c)* 7nm

Pour bien distinguer les particules collectées, deux modes d'imagerie au MEB ont été comparés (électron secondaire 'Figure 4.13.a' et électron électro-diffusé 'Figure 4.13.b') (Figure 2.13). On constate que l'imagerie avec le mode d'électron électro-diffusé donne une meilleure observation des particules collectées.

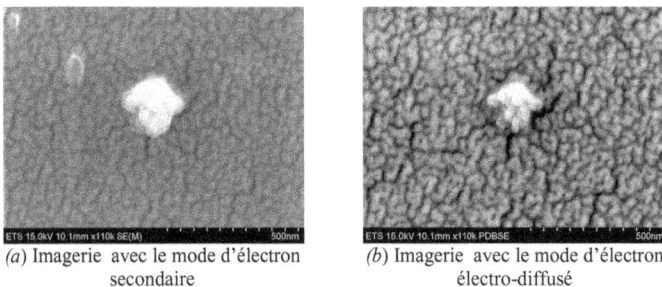

(a) Imagerie avec le mode d'électron
secondaire

(b) Imagerie avec le mode d'électron
électro-diffusé

Figure 4.13   Particule collectée durant une opération de rainurage à sec avec les deux modes
d'imagerie : électron secondaire et électron électro-diffusé

4.5.2   Microanalyse (EDX)

Le microscope électronique à balayage (Figure 4.14) possède un détecteur de rayons X qui permet de récolter les photons produits par le faisceau d'électron primaire. Les rayons X sont des radiations électromagnétiques. L'énergie des photons X émis dans le MEB est comprise entre 0,5 et 30 KeV.

Figure 4.14   Microscopie électronique à balayage
et microanalyse (Hitachi S-3600N)

Le détecteur de rayon X est capable de déterminer l'énergie des photons qu'il reçoit. Il va donc être possible de tracer un histogramme avec en abscisse les énergies des photons et en ordonnée le nombre de photons reçus. L'analyse de ces rayons permet d'obtenir des informations sur la nature chimique de l'atome (Joseph, 1992). L'interprétation des spectres est facilitée par une base de données qui contient, pour chaque élément, les énergies et les intensités des raies qu'il produit (Figure 4.15).

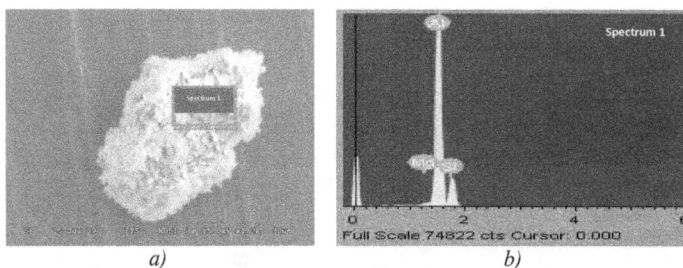

a)   b)

Figure 4.15   a) Micrographies MEB des particules agglomérées b) Diffraction X

4.5.3   Microscope à force atomique (AFM)

Le principe de l'AFM repose sur les interactions entre une pointe et la surface d'un échantillon, qui donne lieu à des forces répulsives ou attractives. La technique nous permet de mettre en image la topographie de la surface et d'étudier d'autres phénomènes physiques à l'échelle nanométrique (Figure 4.16.*a*). Le balayage en (x,y) peut aller de quelques nanomètres à 140 µm. La sensibilité en z est de l'ordre de la fraction du nanomètre et le déplacement en z peut aller jusqu'à 3,7µm (Hanley et Gray, 1999). Les mêmes substrats utilisés en MEB ont servis pour l'AFM (Figure 4.16.*b*). On constate que les résultats obtenus par cette méthode peuvent donner des informations (concentration) pour la comparer avec d'autres méthodes.

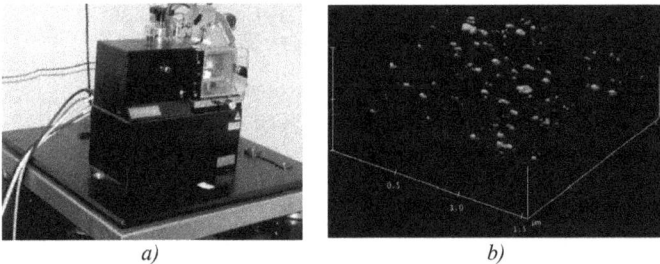

a)   *b)*

Figure 4.16   Image de la microscopie à force atomique

Les instruments de mesure utilisée dans ce travail sont le SMPS, NAS, MOUDI.

4.5.4   Scanning Mobility Particle Sizer (SMPS)

Il est possible de sélectionner la plage de tailles des particules selon la différence de potentiel imposée par l'opérateur. Par cet équipement, on peut cibler une plage de taille et utiliser une cassette avec un substrat afin de ne prélever que les tailles de particules voulues. Ceci permettra de les analyser par la suite en microscopie. Selon le type de substrat, le montage expérimental d'échantillonnage peut changer. Pour le substrat en polycarbonate, une cassette est utilisée combinée avec le NAS (Nanometer Aerosol Sampler) comme source de pompage afin d'aspirer les particules. La figure 4.17 montre les deux montages. Les particules sont récupérées et déposées sur le substrat qui va être préparé pour caractériser en microscopie par la suite.

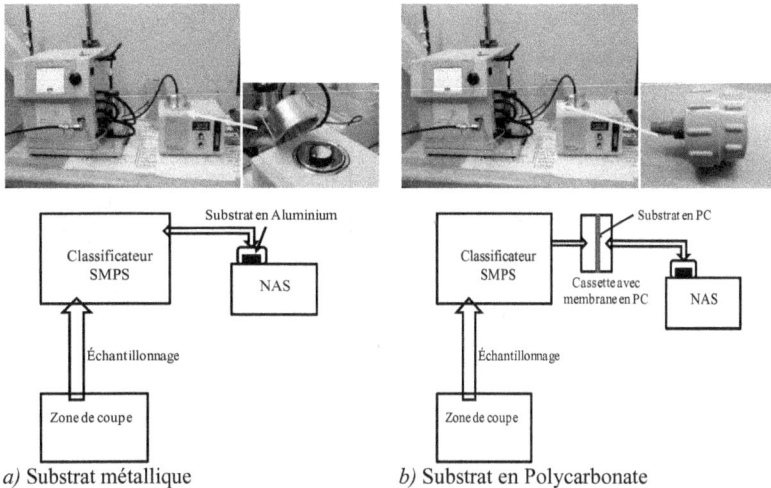

a) Substrat métallique   b) Substrat en Polycarbonate

Figure 4.17   Montages expérimentaux pour échantillonnage des particules par le SMPS et le NAS

4.5.5   Micro-Orifice Uniform Deposit Impacteur (MOUDI)

Le MOUDI utilisé dans ce travail est le modèle 110 rotatif avec 10 étages d'impaction (Figure 4.18). Pour l'échantillonnage, un substrat est collé sur chaque étage des impacteur. Le substrat doit être plan et suffisamment fin pour pouvoir l'emboiter sur la plaque de l'impacteur par une bague de serrage. Généralement, les substrats métalliques sont de diamètre 35mm ou 47mm. Avant de procéder au prélèvement, les substrats sont trempés dans le méthanol 1 jour avant, rincés à l'eau distillée désionisée et séchés à l'étuve à 100 °C pendant 3 heures, ensuite sont stockés dans un endroit propre. Afin d'assurer une meilleure efficacité, une couche de graisse ou d'huile est appliquée délicatement sur les substrats.

Le montage est unique pour les substrats métalliques ou en polycarbonate dans le MOUDI. Chaque substrat est placé sur les différents étages du MOUDI afin de récupérer les particules déposées. Les substrats vont être traités (métallisation) pour les préparer à la caractérisation microscopique.

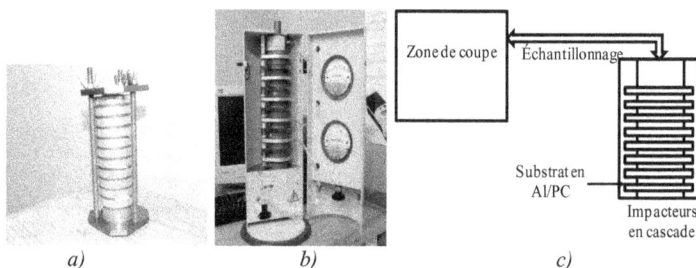

<table>
<tr><td>Zone de coupe</td><td>Échantillonnage</td></tr>
<tr><td></td><td>Substrat en
Al/PC</td></tr>
<tr><td></td><td>Impacteurs
en cascade</td></tr>
</table>

a)   *b)*   *c)*

Figure 4.18   MOUDI : *a)* Porte échantillon, *b)* Vue générale : Structure des étages et *c)* Montage expérimental

4.5.6   Nanometer Aerosol Sampler (NAS)

Dans le cas du NAS, un seul substrat est utilisé afin de déposer les particules ultrafines. Un impacteur est utilisé afin de filtrer les particules aspirées. On ne peut échantillonner que des particules chargées. Il existe deux possibilités à savoir :

- utiliser directement le substrat du NAS ;
- utiliser un autre substrat métallique de forme plane placé avant le prélèvement sur le substrat du NAS : ceci permettra certaines manipulations comme l'application de couche de métallisation ou faire une transparisation afin de l'utiliser sur le MET (Figure 4.19.*b*) ;
- utilisation combinée avec le SMPS comme le montre la Figure 4.19.

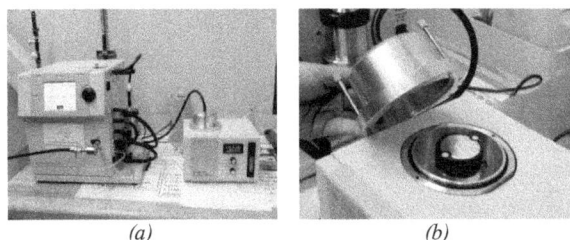

(a)   *(b)*

Figure 4.19 NAS : *(a)* Utilisation combinée SMPS&NAS, *(b)* substrat métallique

4.6 Conclusion

Avant de développer un standard de mesure, il est nécessaire de développer une méthodologie globale à respecter afin de pouvoir mieux analyser les résultats. En général, la préparation des expériences est l'étape la plus importante dans l'étude. Les démarches doivent être respectées dans l'ensemble des expériences. Les démarches à suivre concernent en premier lieu les étapes de préparation avant échantillonnage et ensuite l'échantillonnage lui-même. La préparation des expériences comporte:

- la définition de la pièce et de l'outil ;
- la conception du protocole expérimental ;
- la définition des instruments de mesure et de système d'acquisition dépendamment de la nature du problème et le type de mesure ;
- la définition des paramètres de mesure en incluant le débit d'aspiration pour chaque instrument et la manière de prélèvement ;
- prendre en compte la longueur du tuyau d'aspiration (pertes et la méthode).

Il est nécessaire de prendre en compte certaines règles afin d'augmenter l'efficacité de la mesure. L'ensemble de ces règles est dans le but d'assurer une démarche standard qui garantit la conformité des mesures. Les règles générales à respecter sont :

122

- raccourcir la longueur du tuyau d'aspiration au minimum possible pour éviter les pertes ;
- définir la méthode d'aspiration et de récupération des particules sur un substrat ou mesurer la concentration ;
- définir le débit d'aspiration pour augmenter l'efficacité de mesure ;
- brancher un seul système de mesure, parce que deux et plus vont partager la quantité de particules générée ;
- calibrer les instruments de mesure et s'assurer que les appareils fonctionnent correctement ;
- s'assurer que le niveau de concentration est le même et le plus bas entre chaque essai pour pouvoir séparer les opérations et déterminer la quantité générée par une seule opération à part ;
- s'assurer de la répétabilité pour vérifier les fluctuations des résultats de mesure.

Finalement, une bonne caractérisation implique que les substrats aient été bien préparés et que l'échantillonnage puisse être efficace pour pouvoir comparer et/ou obtenir des résultats similaires des différents instruments de mesure.

CHAPITRE 5

**MORPHOLOGIE DES PARTICULES METALLIQUES D'USINAGE ET SON
INFLUENCE SUR LA MESURE**

5.1   Introduction

Les instruments de mesure des particules fines et ultrafines sont nombreux, cependant peu
sont spécifiquement développés pour l'étude des particules métalliques émise lors de
l'usinage. Ainsi, des instruments basés sur la mesure du diamètre de mobilité électrique tel
que le SMPS ou du diamètre aérodynamique tel que le MOUDI, sont utilisés pour étudier les
particules ultrafines mais sans prendre en considération la morphologie de ces particules.
Les images obtenues au microscope électronique à transmission et à balayage ont montré que
la morphologie des particules est particulièrement complexe. D'une façon générale, il
convient d'être prudent quant à l'interprétation des données obtenues à l'aide des différentes
techniques. Afin de les décrire nous allons tout d'abord introduire les paramètres décrivant la
morphologie des particules puis nous détaillerons les informations granulométriques
couramment employées.

5.2   Diamètres équivalents

La Figure 5.1 présente une représentation schématique d'un agrégat ainsi les différents
diamètres équivalents employés pour caractériser des particules fines et ultrafines. Les
diamètres définissant une particule sont : le diamètre de particule primaire D_{pp}, le diamètre
aérodynamique D_a, le diamètre équivalent en volume D_{ev}, le diamètre de mobilité électrique
D_m, le diamètre de giration D_g et le diamètre de l'agrégat $D_{agrégat}$.

124

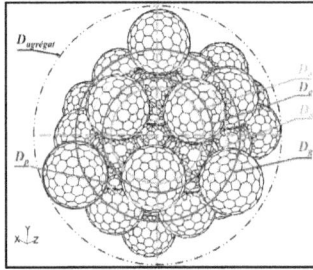

D_p : Diamètre des particules primaires
Da : Diamètre aérodynamique
D_{ev} : Diamètre équivalent en volume
D_m : Diamètre de mobilité électrique
D_g : Diamètre de giration
$D_{agrégat}$: Diamètre de l'agrégat

Figure 5.1   Diamètres caractéristiques d'une particule ultrafine

5.2.1   Diamètre des particules primaires D_{pp}

La particule primaire est le composant de base de l'agrégat. La connaissance de sa dimension est fondamentale à sa description.

5.2.2   Diamètre aérodynamique D_a

Le premier diamètre couramment utilisé en métrologie des aérosols est le diamètre aérodynamique. Il est déterminé généralement à l'aide d'un impacteur dans lequel les particules sont classées selon leur temps de relaxation τ qui est donné par:

$$\tau = m_p B \tag{5.1}$$

Avec m_p la masse de la particule et B la mobilité dynamique.

Le diamètre aérodynamique D_a correspond alors au diamètre d'une particule sphérique, de masse volumique unitaire et ayant la même vitesse de chute que la particule considérée. Il s'écrit :

$$D_a = \sqrt{\frac{18\mu\tau}{\rho_0 C_c}} \tag{5.2}$$

Avec : μ est la viscosité dynamique, τ est le temps de sédimentation, ρ est la densité et Cc est le facteur de Cunningham

5.2.3   Diamètre équivalent en volume D_{ev}

Le diamètre équivalent en volume d'une particule représente le diamètre d'une particule sphérique ayant le même volume que la particule considérée si toute la matière était regroupée. Dans le cas des particules non-sphériques, le diamètre équivalent en volume correspond au diamètre de la particule sphérique en conservant les vides internes. Le diamètre équivalent en volume peut être défini à partir du nombre de particules primaires et du diamètre de celles-ci. Ce diamètre équivalent en volume s'avère utile lorsque l'on souhaite déterminer la masse des agrégats. La masse de l'agrégat m_a est définie comme suit :

$$m_a = \frac{\pi}{6}\rho_{pp}D_{ev}^3 \qquad (5.3)$$

Où ρ_{pp} est la masse volumique des particules primaires (kg/m^3) et D_{ev} est le diamètre équivalent en volume.

Le volume correspond au volume occupé à la fois par le matériau (V_m) et par les vides internes de la particule (V_{vide}). On le relie au diamètre équivalent en volume à partir de la relation suivante :

$$V_p = \frac{\pi}{6}D_{ev}^3 = V_m + V_{vides} \qquad (5.4)$$

La masse volumique de la particule présente le même type de définition que la masse volumique du matériau sauf qu'elle intègre les vides internes de la particule. On la définit alors à partir du volume de la particule et donc du diamètre équivalent en volume :

$$\rho_p = \frac{m_p}{V_p} = \frac{m_p}{\frac{\pi}{6}D_{ev}^3} \qquad (5.5)$$

126

5.2.4 Diamètre équivalent en masse D_{em}

Ce diamètre équivalent est très proche du diamètre équivalent en volume à la différence qu'il n'intègre pas les vides internes de la particule. Pour une particule ne présentant aucun vide interne le diamètre équivalent en masse est alors égal au diamètre équivalent en volume. En revanche pour une particule présentant de tels vides le diamètre de volume équivalent est alors supérieur au diamètre équivalent en masse. Le volume de matière de la particule V_m est le volume occupé par la totalité du matériau composant la particule. On relie généralement ce volume au diamètre équivalent en masse de la particule. Il s'écrit alors :

$$V_m = \frac{\pi}{6} D_{em}^3 \tag{5.6}$$

La masse volumique du matériau est la masse volumique moyenne des matériaux solides composant la particule. Cette masse volumique est alors définie à partir de la masse de la particule (m_p) et du volume de matière (V_m). On a alors :

$$\rho_m = \frac{m_p}{V_m} = \frac{m_p}{\frac{\pi}{6} D_{em}^3} \tag{5.7}$$

Pour des particules présentant des vides internes, on a évidemment $\rho_p < \rho_m$.

5.2.5 Diamètre de mobilité électrique D_m

Le diamètre de mobilité électrique D_m est défini comme étant le diamètre d'une particule sphérique ayant la même mobilité électrique Z_p. L'apparition de la mobilité dynamique B dans l'équation caractérise les forces exercées par le gaz porteur sur la particule en mouvement :

$$D_m = \frac{C_C}{3\pi\mu B} \qquad (5.8)$$

5.2.6　Le diamètre de giration D_g

Le diamètre de giration D_g donne une estimation de la répartition massique des agrégats. Ce diamètre D_g correspond à la moyenne des carrés des distances (d_i) entre les particules primaires et le centre de masse de l'agrégat :

$$D_g^2 = \frac{4}{N_{pp}} \sum_i d_i^2 \qquad (5.9)$$

Ce diamètre, intervenant dans la relation fractale est généralement déterminé par analyse de clichés de microscopie électronique à balayage.

5.2.7　Le diamètre de l'agrégat $D_{agrégat}$

Ce diamètre correspond au diamètre de la sphère enveloppant l'agrégat.

5.3　Régime d'écoulement et forme des particules

La forme d'une particule peut être définie à partir de la force de traînée. Il convient alors de définir les régimes d'écoulement en présence qui dépendent du diamètre de la particule considérée et de son nombre de Knudsen associé qui est décrit dans la section (2.3.4).

5.3.1　Force de traînée

Les forces qui s'appliquent sur une sphère de rayon R_p en mouvement rectiligne uniforme dans un fluide visqueux en régime laminaire sont déterminées comme suit :

- On se place dans le référentiel de la sphère. Le champ des vitesses est alors donné, en coordonnées cylindriques, par:

$$\vec{v} = \begin{cases} v_\infty \cos\theta \left(1 - \dfrac{3R_p}{2r} + \dfrac{R_p^{\,3}}{2r^3} \right) \\[2ex] -v_\infty \sin\theta \left(1 - \dfrac{3R_p}{4r} - \dfrac{R_p^{\,3}}{4r^3} \right) \end{cases} \qquad (5.10)$$

Où v_∞ est la vitesse de la sphère par rapport au fluide.

- Le calcul de Δv donne :

$$\Delta \vec{v} = -\overrightarrow{rot}\left(\overrightarrow{rot}(\vec{v}) \right) = \frac{3v_\infty R_p}{2r^3}\left(2\cos\theta\,\vec{e}_r + \sin\theta\,\vec{e}_\theta \right) = -\overrightarrow{grad}\left(\frac{3v_\infty R_p \cos\theta}{2r^3} \right) \qquad (5.11)$$

Cette équation est compatible avec l'équation de Navier-Stockes en régime laminaire à condition de poser :

$$P = P_0 - \frac{3\mu v_\infty R_p \cos\theta}{2r^2} \qquad (5.12)$$

- On a par ailleurs $v\,(R_p,\theta) = 0$ quelque soit θ et $v \xrightarrow[r\to\infty]{} v_\infty$.

- On peut alors calculer la projection selon O_z des forces appliquées:

  - Pour les forces de pression on a :

$$dF_{zpres} = d\vec{F}\vec{e}_z = -P\left(R_p,\theta\right)R_p^{\,2}\sin\theta\,d\theta\,d\phi\,\vec{e}_r\vec{e}_z = \frac{3\mu v_\infty R_p \cos^2\theta\sin\theta}{2}d\theta\,d\phi \qquad (5.13)$$

  - Pour les forces visqueuses on a :

$$dF_{zvisc} = d\vec{F}_{visc}\vec{e}_z = \mu\left(\frac{\partial v_\theta}{\partial r} \right)_{r=R} R_p^{\,2}\sin\theta\,d\theta\,d\phi\,\vec{e}_\theta\vec{e}_z = \frac{3\mu v_\infty R_p \sin^3\theta}{2}d\theta\,d\phi \qquad (5.14)$$

- On intègre sur toute la surface, on trouve la résultante:

$$\vec{F} = 6\pi\mu R_p v_\infty \vec{e}_z \tag{5.15}$$

Une correction de l'équation de force de traînée doit être introduite pour tenir compte de la réduction de traînée qui se produit lorsque la vitesse relative du gaz à la surface de la particule est différente de zéro. La traînée est significative quand l'écoulement autour de la particule est en dehors du régime continuum ($K_n > 0.1$), alors à partir du nombre de Knudsen on peut alors définir le facteur de correction de Cunningham C_C (paragraphe 2.3.6). Dans le régime de transition, l'asymptote entre les régimes d'écoulement permet un prolongement de la force de traînée sans percussions sur la correction de traînée. L'asymptote de facteur de correction de traînée C_C tend vers 1 dans la limite de régime continuum ($K_n = 0,1$) et dans le régime libre-moléculaire l'équation (2.21) devient :

$$C_C(K_n) \approx K_n [\alpha + \beta] \tag{5.16}$$

Pour une particule de diamètre D_p, évoluant à la vitesse v_∞ dans un gaz de viscosité μ on définit la force de traînée F_D (Baron et Willeke, 2001b) par :

$$F_D = \frac{3\pi\mu v_\infty . D_p}{C_C(D_p)} \tag{5.17}$$

Le facteur de correction de Cunningham $C_C(D_p)$ permet de prendre en considération le régime d'écoulement présent autour de la particule considérée. Ainsi, la force de traînée dans les régimes transition et moléculaire est plus petite que la traînée pour le régime continu. Selon le régime d'écoulement considéré (continu, transition ou libre-moléculaire) on peut simplifier plus ou moins ce facteur de correction et par la même occasion simplifier l'expression de la force de traînée des particules, comme il est montré dans le tableau 5.1 :

Tableau 5.1   Synthèse du nombre de Knudsen, du facteur de Cunningham
et de la force de traînée dans différents régimes d'écoulement

Régime	Continue	Transition	Libre-moléculaire
D_p vs 2λ	$D_p \gg 2\lambda$	$D_p \approx 2\lambda$	$D_p \ll 2\lambda$
K_n	$K_n \ll 1$	$0.1 < K_n < 10$	$K_n \gg 1$
C_C	1	$1 + Kn[1,257 + 0,4\,e^{-0,55/Kn}]$	$1,66\,Kn$
F_D	$3\pi\mu v_\infty D_p$	$3\pi\mu v_\infty D_p / C_C(D_p)$	$1,8\pi\mu v_\infty D_p / Kn$

5.3.2   Force de trainée sur un corps axisymétrique

Dans le cas d'une sphère de diamètre D_p se déplaçant à une vitesse v_∞ dans un fluide, on a démontré qu'à partir des équations de l'hydrodynamique, la traînée est donnée par la formule de Stokes (5.15). Le facteur 6π est propre à la sphère, mais la structure du terme est générale. Dans la mesure où la traînée, qui est une force, est proportionnelle à la vitesse et à la viscosité (dont la dimension est celle d'une pression multipliée par un temps), elle doit être également proportionnelle à une longueur (caractéristique de l'objet). Dans le cas d'un corps axisymétrique dans un écoulement laminaire comme le montre la Figure 5.2, le tenseur des contraintes est donné par :

$$\tau = -pI + 2\mu d, \quad ou \quad d = \left[\nabla v + (\nabla v)^T\right] \tag{5.18}$$

Ici z est l'axe axiale, $\mathfrak{R}$ l'axe radiale du système de coordonnées, s la tangentielle et n la normale des vecteurs unitaires.

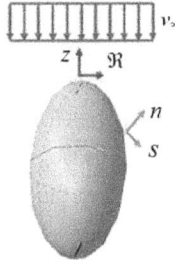

Figure 5.2   Schéma d'une particule axisymétrique dans un écoulement laminaire

Quand une particule de forme arbitraire se déplace dans un fluide, la résultante des contraintes agissant sur la surface du corps donne lieu à une force hydrodynamique F_D. En général, c'est donné par l'équation:

$$F_D = \int_S dS\, \tau \qquad (5.19)$$

Où S est la surface du corps.

Pour un corps axisymétrique dans un écoulement laminaire, la résultante des contraintes n'est qu'une force de traînée agissant parallèlement à la direction de l'écoulement. On a :

$$F_z = F.e_z = \int_S dS\, \tau e_z = \int_S n\, \tau\, e_z\, dS \qquad (5.20)$$

Pour le système de coordonnées utilisé on a:

$$dS = 2\pi \Re ds \qquad (5.21)$$

L'expression de $n.\tau$ qui était évalués par (Happel et Brenner, 1983) est donnée par :

$$n.\tau = -np + 2\mu\left(n\frac{\partial v_n}{\partial n} + s\frac{\partial v_n}{\partial s} \right) + s\mu\left(n\frac{\partial v_s}{\partial n} - \frac{\partial v_n}{\partial s} \right) = -np - 2\mu\nabla\left(\frac{1}{\Re}\frac{\partial \psi}{\partial s} \right) + s\frac{\mu}{\Re}E^2\psi \quad (5.22)$$

Combinant (5.22) dans (5.20), il résulte:

$$F_z = \mu\pi\int\Re^3 \frac{\partial}{\partial n}\left(\frac{E^2\psi}{\Re^2} \right)dS \qquad (5.23)$$

Cette équation relie la fonction de ligne de courant Ψ avec la force de traînée d'un corps axisymétrique. L'évaluation de l'intégrale de l'équation (5.23) est assez compliquée.

132

Lorsque le fluide est au repos à l'infini, la force résultante dans un point pour un champ d'écoulement est donnée par :

$$\psi = \frac{F_z}{8\pi\mu} \frac{\Re^2}{r}$$

(5.24)

Avec

$$r^2 = \Re^2 + z^2$$

(5.25)

Où r est le vecteur de position.

Comme, l'effet de l'écoulement sur une particule est similaire à un point, il s'ensuit que:

$$F_z = 8\pi\mu \lim_{r \to \infty} \frac{r\psi}{\Re^2}$$

(5.26)

Lorsque le fluide n'est pas au repos à l'infini, l'équation (5.26) est transformé a :

$$F_z = 8\mu\pi \lim_{r \to \infty} \frac{r(\psi - \psi_\infty)}{\Re^2}$$

(5.27)

5.3.2.1 Particules de forme sphéroïdale dans un écoulement laminaire

Considérons un écoulement laminaire qui passe par une particule de forme sphérique aplatie comme le montre la Figure 5.3.

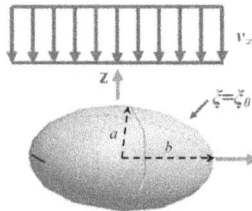

Figure 5.3   Schéma d'une particule sphéroïdal aplatie dans un écoulement laminaire

Les coordonnées de système appropriées sont les coordonnées de la particule sphéroïdale (ξ, θ, ϕ) avec :

$$\begin{cases} x = c \cosh \xi \sin \theta \cos \phi \\ y = c \cosh \xi \sin \theta \sin \phi \\ z = c \sinh \xi \cos \theta \end{cases} \quad (5.28)$$

On pose :

$$\lambda = \sinh \xi, \; \zeta = \cos \theta \quad (5.29)$$

Alors $\Re$ et z peut être exprimée comme :

$$\Re = \sqrt{x^2 + y^2} = c \cosh \xi \sin \theta = c \sqrt{\lambda^2 + 1} \sqrt{1 - \zeta^2} \quad (5.30)$$

$$z = c \lambda \zeta \quad (5.31)$$

La plage de variation de λ et ζ est :

$$\infty > \lambda \geq 0 \; et \; 1 \geq \zeta \geq -1 \quad (5.32)$$

Pour obtenir le champ d'écoulement autour de la particule de forme sphérique aplatie, l'équation d'écoulement bi-harmonique est donnée par :

$$E^4 \psi = 0 \quad (5.33)$$

Pour résoudre cette équation, on a posé les conditions aux limites suivantes :

$$\psi = 0 \quad à \quad \lambda = \lambda_0 (\xi = \xi_0)$$
$$\frac{\partial \psi}{\partial \lambda} = 0 \quad à \quad \lambda = \lambda_0 (\xi = \xi_0) \quad (5.34)$$

$$\psi \to \frac{1}{2} \Re^2 v_\infty = \frac{v_\infty c^2}{2} (\lambda^2 + 1)(1 - \zeta^2) \quad Si \quad \lambda(or\xi) \to \infty \quad (5.35)$$

Aussi les équations suivant sont utilisés:

$$\frac{\partial}{\partial \xi} = \sqrt{\lambda^2 + 1} \frac{\partial}{\partial \lambda}, \; \frac{\partial}{\partial \theta} = -\sqrt{1 - \zeta^2} \frac{\partial}{\partial \zeta} \quad (5.36)$$

En utilisant l'équation (5.36) dans l'expression de l'opérateur E:

$$E^2 = \frac{\partial^2}{\partial \mathfrak{R}^2} - \frac{\partial}{\mathfrak{R}\partial \mathfrak{R}} + \frac{\partial^2}{\partial z^2} \qquad (5.37)$$

L'opérateur peut être reformulé comme :

$$E^2 = \frac{1}{c^2(\lambda^2 + \zeta^2)}\left[(\lambda^2 + 1)\frac{\partial^2}{\partial \lambda^2} + (1-\zeta^2)\frac{\partial^2}{\partial \zeta^2}\right] \qquad (5.38)$$

La solution avec les conditions aux limites posées est sous forme :

$$\psi = (1-\zeta^2)g(\lambda) \qquad (5.39)$$

En injectant cette solution dans l'équation (5.33) et en utilisant l'opérateur de (Happel et Brenner, 1991), équation (5.38) on a :

$$\frac{(\lambda^2 + 1)(1-\xi^2)}{c^4(\lambda^2 + \xi^2)}\left[4(G - \lambda G') + (\lambda^2 + \rho^2)G''\right] = 0 \qquad (5.40)$$

Avec :

$$G(\lambda) = (\lambda^2 + 1)g''(\lambda) - 2g(\lambda) \qquad (5.41)$$

Et :

$$E^2\psi = \frac{1-\zeta^2}{c^2(\lambda^2 + \zeta^2)}G(\lambda) \qquad (5.42)$$

De l'équation (5.40), il résulte que :

$$4(G - \lambda G') + (\lambda^2 + \zeta^2)G'' = 0 \qquad (5.43)$$

Il est à noter que le premier terme de l'équation (5.43) ne dépend que de λ, tandis que le second terme dépend λ et ζ. L'équation est satisfaite seulement si:

$$G'' = 0 \qquad (5.44)$$

Et

$$G - \lambda G' = 0 \qquad (5.45)$$

La solution adéquate avec les deux équations (5.44) et (5.45) est donné par :

$$G = C_1 \lambda \qquad (5.46)$$

Où C_1 est une constante

De l'équation (5.46) il résulte que :

$$\left(\lambda^2 + 1\right) g'' - 2g = C_1 \lambda \qquad (5.47)$$

La solution générale de l'équation (5.47), qui est la somme des solutions homogènes et spécifique, sont données par :

$$g(\lambda) = \underbrace{-\frac{1}{2} C_1 \lambda}_{\text{solution spécifique}} + \underbrace{\frac{1}{2} C_2 \left[\lambda - (\lambda^2 + 1)\cot^{-1}\lambda\right] + C_3(\lambda^2 + 1)}_{\text{solution homogéne}} \qquad (5.48)$$

En injectons (5.48) dans (5.49), l'expression de la fonction Ψ devient :

$$\psi = \left(1 - \zeta^2\right)\left(-\frac{1}{2} C_1 \lambda + \frac{1}{2} C_2 \left[\lambda - (\lambda^2 + 1)\cot^{-1}\lambda\right] + C_3(\lambda^2 + 1)\right) \qquad (5.49)$$

Les constantes C_1, C_2, C_3 sont déterminées en utilisant les conditions aux limites données par (5.34) et (5.35). Ceux-ci deviennent :

136

$$C_1 = \frac{2v_\infty c^2}{\lambda_0 - (\lambda_0^2 - 1)\cot^{-1}\lambda_0}$$

$$C_2 = -\frac{v_\infty c^2 (\lambda_0^2 - 1)}{\lambda_0 - (\lambda_0^2 - 1)\cot^{-1}\lambda_0} \tag{5.50}$$

$$C_3 = \frac{1}{2}v_\infty c^2$$

L'expression finale pour la fonction Ψ devient :

$$\psi = \frac{1}{2}v_\infty \mathfrak{R}^2 \left\{ 1 - \frac{\frac{\lambda}{(\lambda^2+1)} - \left[\frac{(\lambda_0^2-1)}{(\lambda_0^2+1)}\right]\cot^{-1}\lambda}{\frac{\lambda_0}{(\lambda_0^2+1)} - \left[\frac{(\lambda_0^2-1)}{(\lambda_0^2+1)}\right]\cot^{-1}\lambda} \right\} \tag{5.51}$$

Avec : $\lambda_0 = \sinh\xi_0$

Pour un déplacement d'une particule de forme sphérique aplatie avec une vitesse v_∞ dans un fluide au repos, la solution obtenue est :

$$\psi = \frac{1}{2}v_\infty \mathfrak{R}^2 \frac{\frac{\lambda}{(\lambda^2+1)} - \left[\frac{(\lambda_0^2-1)}{(\lambda_0^2+1)}\right]\cot^{-1}\lambda}{\frac{\lambda_0}{(\lambda_0^2+1)} - \left[\frac{(\lambda_0^2-1)}{(\lambda_0^2+1)}\right]\cot^{-1}\lambda} \tag{5.52}$$

La force exercée sur la particule de forme sphérique aplatie est obtenue à l'aide de (5.51) ou (5.52) dans les équations (5.26).

Pour $r \to c\lambda$ à des grandes distances de la particule de forme sphérique aplatie :

$$F_z = 8\mu\pi c \lim_{\lambda\to\infty} \frac{\lambda\psi}{\mathfrak{R}^2} \tag{5.53}$$

Il s'ensuit donc que :

$$F_z = \frac{8\mu\pi c v_\infty}{\lambda_0 - (\lambda_0^2 - 1)\cot^{-1}\lambda_0} \tag{5.54}$$

L'équation (5.54) peut être exprimée comme :

$$F_z = 6\pi\mu a v_\infty \chi \tag{5.55}$$

Avec χ est le facteur de forme donné par l'équation suivante :

$$\chi = \frac{1}{\left\{ \frac{3}{4}\sqrt{\lambda_0^2+1}\left[\lambda_0 - (\lambda_0^2-1)\cot^{-1}\lambda_0 \right] \right\}} \tag{5.56}$$

Et :

$$c = \sqrt{a^2-b^2}, \quad \lambda_0 = \frac{b}{c} = \frac{1}{\sqrt{\left(a/b\right)^2 - 1}} \tag{5.57}$$

A partir de l'équation (5.55), la force de traînée pour les particules qui sont de révolution ellipsoïdales est donnée par :

$$F_D = 6\pi\mu v_\infty b \chi \tag{5.58}$$

Où b est le demi-axe équatorial de l'ellipsoïde et χ est un facteur de forme.

- Pour le mouvement d'une sphère allongée le long de l'axe polaire comme le montre la Figure 5.4.a, le facteur de forme est donné par :

$$\chi_{\parallel} = \frac{\frac{4}{3}(\beta^2-1)}{\frac{(2\beta^2-1)}{(\beta^2-1)^{1/2}}\ln\left[\beta+(\beta^2-1)^{1/2}\right]-\beta} \tag{5.59}$$

$$avec : \left(\beta = \frac{a}{b} \right)$$

Où β est le rapport entre le grand axe (a) au petit axe (b).

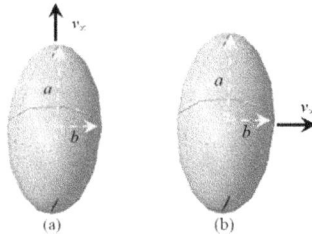

Figure 5.4   Représentation d'une particule rigide de forme sphéroïdal allongée

- Pour le mouvement d'une sphère de révolution allongée par rapport à l'axe polaire, comme le montre la Figure 5.4.b, le facteur de forme est donné par :

$$\chi_\perp = \frac{\dfrac{8}{3}(\beta^2-1)}{\dfrac{(2\beta^2-3)}{(\beta^2-1)^{1/2}}\ln\left[\beta+(\beta^2-1)^{1/2}\right]+\beta} \tag{5.60}$$

La Figure 5.5 montre une simulation numérique de l'écoulement de fluide autour d'une particule de forme sphéroïdale. Le domaine est cylindrique et est limité par une paroi dont la longueur est choisie suffisamment grande pour que l'état du fluide à cette extrémité influe peu sur l'écoulement à proximité de la particule. Le fluide considéré est de l'air, pris dans les conditions standards. La discrétisation du domaine a été faite par l'établissement d'un maillage plus ou moins fin. Une fois que la géométrie et le maillage du domaine physique étudié sont définis, on impose les conditions aux limites sur les différentes faces de la frontière. D'après les résultats de simulation on remarque que la force exercée sur la particule est proportionnelle aux forces de pression dynamique exercées sur la surface caractéristique de chaque configuration. Comme la deuxième configuration présente la plus grande surface, la trainée sera plus importante (Figure 5.5.b).

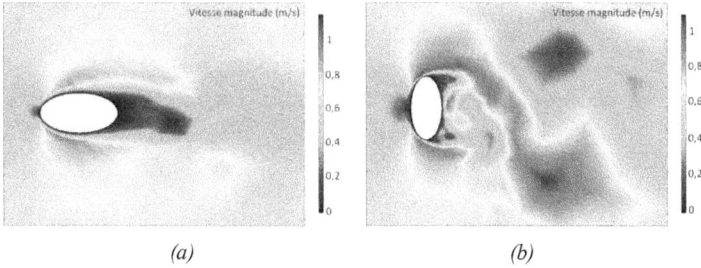

(a)   (b)

Figure 5.5   Simulation de l'écoulement autour d'une sphère allongée

- De même pour le mouvement d'une sphère aplatie de la révolution le long de l'axe polaire comme illustré à la Figure 5.6.a, le facteur de forme est donné par :

$$\chi_\perp = \frac{\frac{4}{3}(\beta^2 - 1)}{\frac{\beta(\beta^2 - 2)}{(\beta^2 - 1)^{1/2}} \tan^{-1}\left[(\beta^2 - 1)^{1/2}\right] + \beta} \tag{5.61}$$

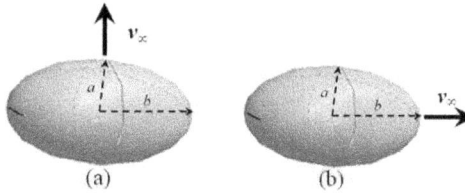

(a)   (b)

Figure 5.6   Représentation d'une particule rigide de forme sphéroïdal aplatie

- Pour le mouvement d'un sphéroïde aplatie transversale à l'axe polaire comme le montre la Figure 5.6.b, le facteur de forme est donné par :

$$\chi_\parallel = \frac{\frac{8}{3}(\beta^2 - 1)}{\frac{\beta(3\beta^2 - 2)}{(\beta^2 - 1)^{1/2}} \tan^{-1}\left[(\beta^2 - 1)^{1/2}\right] - \beta} \tag{5.62}$$

5.3.2.2 Disque mince de rayon b

La solution pour un disque de rayon b en mouvement perpendiculaire à son plan comme le montre la Figure 5.7 est obtenue en posant $\lambda_0 \rightarrow 0$ dans l'équation (5.52).

$$\psi = -\frac{v_\infty \mathfrak{R}^3}{\pi} \left(\frac{\lambda}{\lambda^2 + 1} + \cot^{-1} \lambda \right) \qquad (5.63)$$

Figure 5.7   Représentation d'une particule rigide de forme d'un disque mince

- Pour le mouvement perpendiculaire au plan du disque comme le montre la Figure 5.7.a, la force de trainée est calculée comme suit :

$$F_D = 16\mu v_\infty b \qquad (5.64)$$

- Pour le mouvement le long du plan du disque comme le montre la Figure 5.7.b, la trainée est donnée par :

$$F_D = \frac{32\mu v_\infty b}{3} \qquad (5.65)$$

5.3.2.3 Tige allongée

Lorsque le grand axe a est beaucoup plus grande que le rayon équatorial b la particule de forme sphéroïdale ressemble à une tige longue et mince. Pour ce cas limite on a :

$$F_D = -\frac{4\mu\pi a v_\infty}{\ln\left(\dfrac{a}{b}\right) + \ln 2 - \dfrac{1}{2}} \qquad (5.66)$$

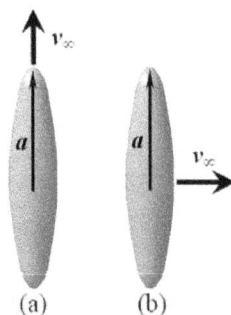

Figure 5.8   Représentation d'une particule rigide de forme d'une tige allongée

- Pour les mouvements le long de la tige comme le montre la Figure 5.8.a la force de trainée est calculée comme suit :

$$F_D = \frac{4\pi\mu v_\infty a}{\ln 2\beta}$$ (5.67)

- Pour les mouvements sur le côté de la tige comme le montre la Figure 5.8.b, la trainée est donnée par :

$$F_D = \frac{8\pi\mu v_\infty a}{\ln 2\beta}$$ (5.68)

5.3.3   Calcul de D_{ev} pour diverses formes de particules

5.3.3.1 Calcul de D_{ev} pour une particule de forme d'une sphère allongée

Le volume de la particule de forme d'une sphère allongée (Figure 5.9) est calculé de la manière suivante:

$$V = \frac{4}{3}\pi ab^2$$ (5.69)

Avec a : demi-axe polaire, *b* : demi-axe équatorial.

142

Il résulte que le diamètre de la sphère équivalente en volume est:

$$D_{ev} = \sqrt[3]{ab^2} \qquad (5.70)$$

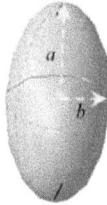

Figure 5.9   Représentation d'une particule rigide de forme sphéroïdal allongée

5.3.3.2 Calcul de D_{ev} pour un disque mince

Pour un disque mince (Figure 5.10), le volume est donnée par :

$$V = \pi R_C^2 h \qquad (5.71)$$

Avec R_C : rayon du disque, h : hauteur de disque.

Alors, D_{ev} est calculé de la manière suivante:

$$D_{ev} = \sqrt[3]{6R_C^2 h} \qquad (5.72)$$

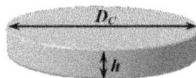

Figure 5.10   Représentation d'une particule rigide de forme cylindrique

5.3.3.3 Calcul de D_{ev} pour un cube

Pour une particule de forme cubique (Figure 5.11), D_{ev} est donnée par :

$$D_{ev} = s\sqrt[3]{\frac{6}{\pi}}$$ (5.73)

Avec :
s : côté d'un cube, $V = s^3$

Figure 5.11   Représentation d'une particule rigide de forme cubique

5.3.4   Estimation du facteur de forme dynamique χ

Les particules non-sphériques engendrent plus de traînée que leur volume ou masse sphérique équivalente car elles présentent une plus grande surface d'interaction avec l'air. Si la force de traînée est exprimée en fonction du diamètre de volume équivalent, un second facteur de correction doit être utilisé pour rendre compte de l'augmentation de la traînée due à la forme non sphérique. Cette correction est appelée le facteur de forme dynamique χ (Fuchs, 1964b). Le facteur de forme est défini comme étant le rapport entre la force de résistance F^P_D (la force de traînée) sur la particule non-sphérique considérée et la force de résistance F^{ev}_D exercée sur la particule sphérique de volume équivalent, lorsque les deux se déplacent à la même vitesse relative par rapport au gaz (Hinds, 1999a) on a:

$$\chi = \frac{F_D^p}{F_D^{ev}} \tag{5.74}$$

Pour des particules de forme irrégulière le facteur de forme est supérieur à 1 et pour des particules sphériques, il est logiquement de 1.

L'équation générale pour la force de traînée d'une particule dans un régime d'écoulement est donnée par l'équation (5.17). Pour la même particule évoluant à la vitesse relative v_x dans un gaz de viscosité dynamique μ et exprimé par un diamètre équivalent en volume D_{ev}, on définit la force de traînée F_D^p par :

$$F_D^p = \chi F_D^{ev} = \frac{3\pi\mu v_\infty \chi . D_{ev}}{C_C(D_{ev})} \tag{5.75}$$

La Figure 5.12 montre la variation de diamètre équivalant en volume en fonction des différents facteurs de forme.

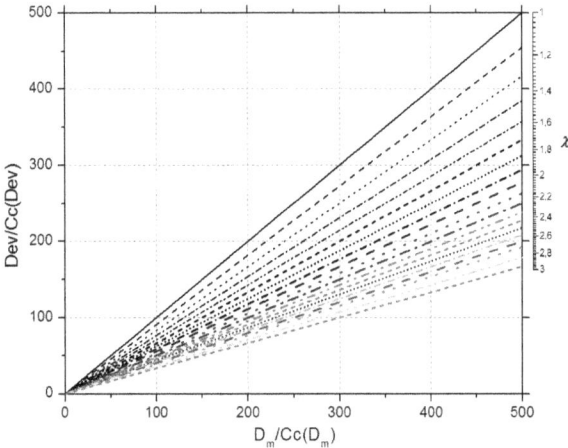

Figure 5.12 Influence de l'augmentation du facteur de forme
sur la valeur de diamètre équivalant en volume

5.3.4.1 Estimation de χ_c dans le régime continu

Le facteur de forme dynamique χ_c dans le régime continu est:

$$\chi_c = \frac{F_D^P}{F_D^{ev}} = \frac{D_p}{D_{ev}}$$ (5.76)

Où D_{ev} est le diamètre d'une sphère ayant le même volume que la particule non sphérique.

- Pour une particule de forme sphérique allongée :

  o Le mouvement le long de la particule est:

$$F_D^P = \frac{4\pi\mu v_\infty a}{\ln 2\beta}$$

$$avec : (\beta = \frac{a}{b})$$ (5.77)

$$F_D^{ev} = 3\pi\mu v_\infty . D_{ev}$$ (5.78)

  o Le diamètre de la sphère équivalente en volume est:

$$D_{ev} = \sqrt[3]{ab^2}$$ (5.79)

$$\chi_c = \frac{F_D^P}{F_D^{ev}} = \frac{4a}{3\ln 2\beta \sqrt[3]{ab^2}}$$ (5.80)

  o Le mouvement sur le côté de la particule de forme sphérique allongée est:

$$F_D^P = \frac{8\pi\mu v_\infty a}{\ln 2\beta}$$ (5.81)

146

$$F_D^{ev} = 3\pi\mu v_\infty . D_{ev} \qquad (5.82)$$

o Le diamètre de la sphère équivalente en volume est:

$$D_{ev} = \sqrt[3]{ab^2} \qquad (5.83)$$

$$\chi_c = \frac{F_D^P}{F_D^{ev}} = \frac{8a}{3\ln 2\beta\sqrt[3]{ab^2}} \qquad (5.84)$$

• Pour une particule de forme d'un disque mince:

o Le mouvement perpendiculaire au plan du disque est:

$$F_D^P = 16\mu v_\infty R_c \qquad (5.85)$$

$$F_D^{ev} = 3\pi\mu v_\infty . D_{ev} \qquad (5.86)$$

o Le diamètre de la sphère équivalente en volume est:

$$D_{ev} = \sqrt[3]{6 R_c^2 h} \qquad (5.87)$$

$$\chi_c = \frac{F_D^P}{F_D^{ev}} = \frac{16 R_c}{3\pi\sqrt[3]{6 R_c^2 h}} \qquad (5.88)$$

o Pour le mouvement le long du plan du disque est :

$$F_D^P = \frac{32\mu v_\infty R_c}{3} \qquad (5.89)$$

$$F_D^{ev} = 3\pi\mu v_\infty . D_{ev} \qquad (5.90)$$

o   Le diamètre de la sphère équivalente en volume est:

$$D_{ev} = \sqrt[3]{6R_c^2 h} \tag{5.91}$$

$$\chi_c = \frac{F_D^P}{F_D^{ev}} = \frac{32R_c}{9\pi\sqrt[3]{6R_c^2 h}} \tag{5.92}$$

5.3.4.2 Estimation de χ_v dans le régime libre-moléculaire

Le facteur de forme dynamique χ_v dans le régime libre-moléculaire est comme suite :

$$\chi_v = \frac{F_D^P}{F_D^{ev}} = \frac{D_p}{D_{ev}} \frac{C_C(D_{ev})}{C_C(D_p)} \tag{5.93}$$

Avec :

$$C_C(D) \approx \frac{2\lambda}{D}[1.257 + 0.4] = \frac{3,314\lambda}{D} \tag{5.94}$$

Alors :

$$\chi_v = \left(\frac{D_p}{D_{ev}}\right)^2 \tag{5.95}$$

• Pour une particule de forme d'une sphère allongée :
  o   Le mouvement le long de la particule est:

$$F_D^P = \frac{4\pi\mu v_\infty a}{C_C(a)\ln 2\beta} \tag{5.96}$$

$$avec : (\beta = \frac{a}{b})$$

$$F_D^{ev} = \frac{3\pi\mu v_\infty . D_{ev}}{C_C(D_{ev})} \tag{5.97}$$

o Le diamètre de la sphère équivalente en volume est:

$$D_{ev} = \sqrt[3]{ab^2}$$

(5.98)

$$\chi_v = \frac{F_D^P}{F_D^{ev}} = \frac{4}{3} \frac{a^2}{\sqrt[3/2]{ab^2} \ln 2\beta}$$

(5.99)

o Le mouvement sur le côté de la particule de forme sphérique allongée est:

$$F_D^P = \frac{8\pi\mu v_\infty a}{C_C(a) \ln 2\beta}$$

(5.100)

$$F_D^{ev} = \frac{3\pi\mu v_\infty . D_{ev}}{C_C(D_{ev})}$$

(5.101)

o Le diamètre de la sphère équivalente en volume est:

$$D_{ev} = \sqrt[3]{ab^2}$$

(5.102)

$$\chi_v = \frac{F_D^P}{F_D^{ev}} = \frac{8}{3} \frac{a^2}{\sqrt[3/2]{ab^2} \ln 2\beta}$$

(5.103)

• Pour une particule de forme d'un disque mince:

o Le mouvement perpendiculaire au plan du disque est:

$$F_D^P = \frac{16\mu v_\infty R_c}{C_C(R_c)}$$

(5.104)

$$F_D^{ev} = \frac{3\pi\mu v_\infty . D_{ev}}{C_C(D_{ev})}$$

(5.105)

o Le diamètre de la sphère équivalente en volume est:

$$D_{ev} = \sqrt[3]{6R_c^2 h}$$
(5.106)

$$\chi_v = \frac{F_D^P}{F_D^{ev}} = \frac{16}{3} \frac{R_c^2}{\pi.\sqrt[3/2]{6R_c^2 h}}$$
(5.107)

o Le mouvement le long du plan du disque est :

$$F_D^p = \frac{32\mu v_\infty R_c}{3C_C(R_c)}$$
(5.108)

$$F_D^{ev} = \frac{3\pi\mu v_\infty . D_{ev}}{C_C(D_{ev})}$$
(5.109)

o Le diamètre de la sphère équivalente en volume est:

$$D_{ev} = \sqrt[3]{6R_c^2 h}$$
(5.110)

$$\chi_v = \frac{F_D^p}{F_D^{ev}} = \frac{32}{9} \frac{R_c^2}{\pi.\sqrt[3/2]{6R_c^2 h}}$$
(5.111)

5.3.4.3 Estimation de χ_t dans le régime de transition

Dahneke à introduit l'expression de la sphère ajustée pour permettre l'estimation de la force de traînée sur une particule à travers les régimes d'écoulement (Dahneke, 1973a). Dans cette formulation, le diamètre de la sphère ajustée (D_{aj}) remplace D_{ev} dans le facteur de correction de glissement dans le calcul de traînée:

$$F_D^{ev} = \frac{3\pi\mu v_\infty \chi_c . D_{ev}}{C_C(D_{aj})}$$
(5.112)

D_{aj} est un diamètre qui permet une transition du régime continu jusqu'au régime libre-moléculaire, il est donnée par :

$$D_{aj} = \frac{\chi_v}{\chi_c} D_{ev}$$

(5.113)

En utilisant l'équation (5.113) et l'équation générale de la force de trainée (5.17), on peut estimer le facteur de forme dynamique dans le régime de transition par:

$$\chi_t(K_n) = \chi_c \frac{C_c(D_{ev})}{C_c(\frac{\chi_v}{\chi_c} D_{ev})}$$

(5.114)

5.4   Estimation de diamètre équivalent en volume

La mesure du diamètre de mobilité électrique est obtenue par un équilibre de forces, entre la force électrique d'un champ électrique constant et la force de traînée de la particule. La force électrique sur la particule est:

$$F_{elec} = neE$$

(5.115)

Où, n est le nombre de charge de la particule, e est l'unité élémentaire de charge, et E est l'intensité du champ électrique.

Dans les conditions typiques de l'analyseur différentiel de mobilité (Figure 5.13), une particule atteint une vitesse de migration rapidement quand la force de traînée et électrique sont égales et opposées. La relation entre le diamètre équivalent en volume (D_{ev}) et de mobilité (D_m) est obtenue par la mobilité électrique, Z_p, définie comme la vitesse de l'état d'équilibre de migration d'une particule par unité d'intensité de champ électrique :

$$Z_p = \frac{neC_c(D_{ev})}{3\pi\mu\chi_t D_{ev}} = \frac{neC_c(D_m)}{3\pi\mu D_m}$$

(5.116)

La Figure 5.13.b illustre les trajectoires des particules sphériques de différentes tailles dans un champ électrique. Elle montre également une particule irrégulière avec un volume identique à celle de la sphère plus grande qui suit la même trajectoire. A partir de l'équation (5.116) et en supposant que la particule et sa sphère équivalent en volume ont la même mobilité électrique comme le montre la Figure 5.13, on obtient la relation suivante:

$$\frac{D_m}{C_c(D_m)} = \frac{\chi_t D_{ev}}{C_c(D_{ev})}$$ (5.117)

Avec χ_t le facteur de forme en régime de transition.

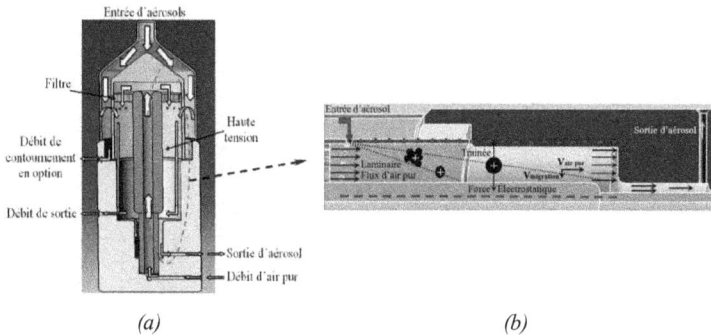

(a)   (b)

Figure 5.13   Illustration d'un analyseur différentiel de mobilité (DMA)

Ici c'est la vitesse de la particule par rapport au gaz environnant qui est le paramètre important. Aux faibles vitesses, l'écoulement du gaz environnant autour de la particule est laminaire, c'est-à-dire sans turbulences. L'air possède une vitesse locale, égale à celle du corps à la surface de celui-ci, et décroissant régulièrement en fonction de son éloignement du corps. Les couches de l'air glissent les unes sur les autres, avec frottement interne; c'est le phénomène de viscosité. L'effet résultant sur le corps de ces forces de frottement internes le freine et donne la traînée. Dans ces situations, on peut admettre que la traînée, dirigée en sens inverse de la vitesse, lui est proportionnelle. Un autre régime se rencontre pour des vitesses relatives nettement plus élevées. La particule pousse violemment le gaz environnant devant

152

elle et il se forme à l'arrière un sillage avec turbulences où l'air est partiellement entraîné avec la particule. Dans ce régime, c'est la mise en mouvement du gaz environnant par la particule, donc son inertie, qui prédomine dans l'effet de traînée. Entre ces deux régimes, il existe toute une gamme de vitesses intermédiaires pour lesquelles les deux propriétés, viscosité et inertie du fluide, jouent un rôle, et la relation traînée-vitesse n'y possède pas d'expression simple. Les particules dans l'analyseur différentiel de mobilité (DMA) sont généralement dans le régime de transition. La Figure 5.14 représente un exemple de courbe d'une réponse en masse pour des particules ultrafines émises durant l'usinage à sec.

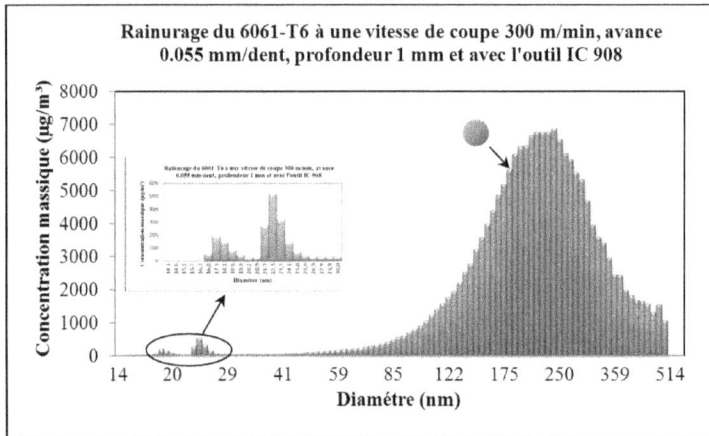

Figure 5.14   Distribution en masse des particules ultrafines en fonction de leur diamètre

5.5   La forme des particules

Après la collecte des particules ultrafines avec le MOUDI, des images obtenues au microscope électronique à transmission et à balayage ont montré différentes formes de particules ultrafines parfaitement hétérogènes (Figure 5.15) et en agglomérat (Figure 5.16). Cette morphologie dépend, à la fois, de la nature du matériau et du mécanisme qui les a produites. De même, l'agglomération des particules ultrafines ne conduit pas à la production de particules sphériques (Figure 5.16). En fait, à l'exception de particules ultrafines produites par condensation et solidification d'une vapeur, on ne rencontre que rarement des particules solides sphériques. Par contre le spectre de distribution des particules donné par le SMPS est représenté sous l'hypothèse que ces particules sont parfaitement sphériques, ce qui ne présente pas la réalité de la forme de nos particules.

Généralement, on distingue deux familles morphologiques :

- les isométriques qui ont sensiblement les mêmes dimensions selon les trois dimensions (Figure 5.15) obtenus par le MET;
- les platées qui sont des particules dont deux dimensions sont grandes par rapport à la troisième (Figure 5.16) obtenus par le MEB.

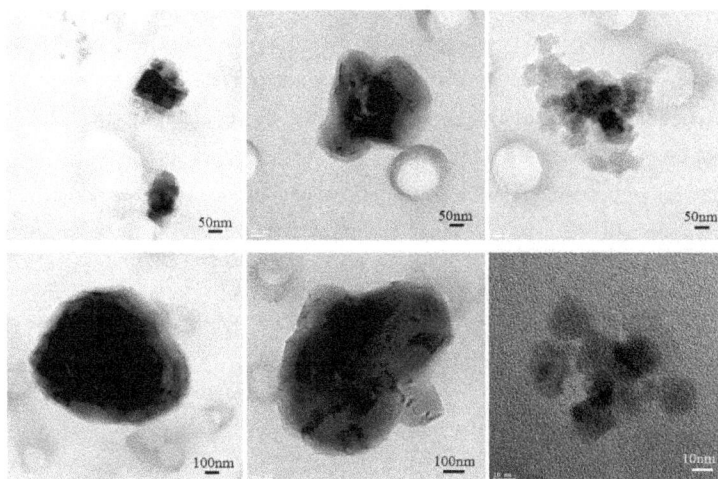

Figure 5.15   Particules ultrafines produite pendant l'usinage (MET)

154

Figure 5.16   Particules produites pendant le rainurage en fraisage à une vitesse de coupe de
300 m/min, avance 0,055 m/dent, profondeur de 1 mm et avec un outil IC 908 (MEB)

La forte agglomération est due soit à leur charge électrique acquise lors leur génération,
soit lors de l'échantillonnage par l'augmentation du taux de collision qui entraine une
augmentation d'agglomération. La taille moyenne de ces particules est de 200 nm, par contre
les agglomérats formés sont de taille variant de quelque micron à des centaines de micron et
leur forme est très irrégulière. Une correction de forme sur la réponse en masse pour les
différentes formes observées à l'aide de microscopie (disque mince, sphère allongée, cube
régulier) est représentée dans la Figure 5.17. Pour des particules sphériques, D_m est égal à
D_{ev}. Pour des particules non sphériques, D_m est toujours supérieur à D_{ev} parce que $\chi_t > 1$, et
C_C est une fonction décroissante de D_{ev} (Figure 5.18).

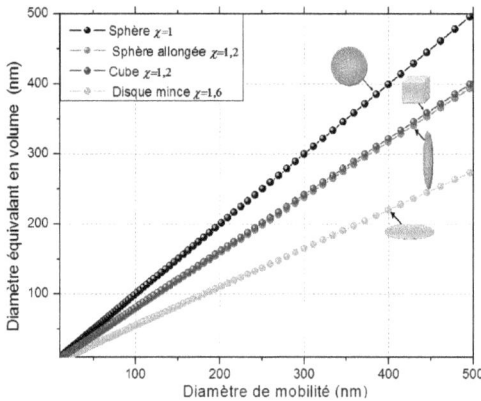

Figure 5.17   Variation de diamètre équivalant en volume en fonction
des facteurs de forme évalués par rapport aux images de MET et MEB

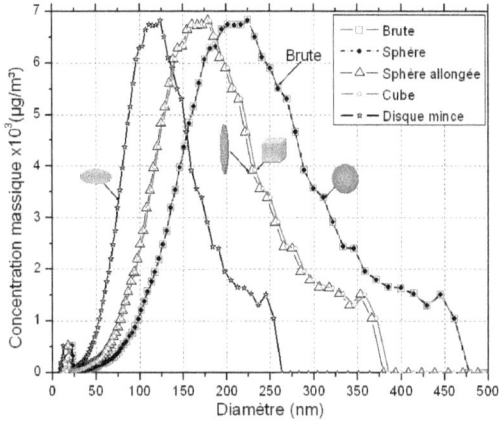

Figure 5.18 Correction des données brutes pour des formes non sphériques
observées par microscopie MET et MEB

5.5.1 Effets de régime d'écoulement sur les mesures

La vitesse limite (v_∞) est une mesure des propriétés aérodynamiques de la particule. Elle est obtenue lorsque la force gravitationnelle (F_g) est égale et de sens opposée à la force de traînée:

$$F_g = m_p g = \rho_p \frac{\pi}{6} D_{ev}^3 g = \frac{3\pi\mu v_\infty \chi D_{ev}}{C_c(D_{ev})} = F_D^{ev} \qquad (5.118)$$

Comme indiqué plus haut à la section 5.2.2, le diamètre aérodynamique correspond au diamètre d'une particule sphérique, de masse volumique unitaire et ayant la même vitesse limite que la particule considérée. L'équation (5.118) peut être exprimée comme suit :

$$F_g = m_p g = \rho_0 \frac{\pi}{6} D_a^3 g = \frac{3\pi\mu v_\infty \chi D_a}{C_c(D_a)} \qquad (5.119)$$

A l'aide des deux équations 5.118 et 5.119, on parvient :

$$D_a = D_{ev} \sqrt{\frac{1}{\chi} \frac{\rho_p}{\rho_0} \frac{C_c(D_{ev})}{C_c(D_a)}}$$
(5.120)

5.5.2   Diamètre aérodynamique dans le régime Continu

Dans la limite du régime continu, le diamètre aérodynamique est notée D_{ac} et $C_c(D_{ac})$ = $C_c(D_{ev})$ = 1. En utilisant cette relation en obtient :

$$D_{ac} = D_{ev} \sqrt{\frac{1}{\chi_c} \frac{\rho_p}{\rho_0}}$$
(5.121)

5.5.3   Diamètre aérodynamique de vide

Dans le régime libre-moléculaire, le diamètre aérodynamique est appelé le diamètre aérodynamique de vide (D_{av}). Le diamètre aérodynamique de vide est lié à D_{ev} par :

$$D_{av} = D_{ev} \frac{1}{\chi_v} \frac{\rho_p}{\rho_0}$$
(5.122)

Avec :

$$C_C(D_{ev}) = \frac{3,314\lambda}{D_{ev}}$$
$$C_C(D_{av}) = \frac{3,314\lambda}{D_{av}}$$
(5.123)

Dans ce régime, la vitesse des particules reste constante en raison de l'absence de collisions avec des molécules de gaz. L'effet de la gravité est négligeable, car il produit une vitesse verticale très faible par rapport à une vitesse horizontale.

5.5.4   Diamètre aérodynamique de transition

Dans le régime de transition, le diamètre aérodynamique est appelé le diamètre aérodynamique de transition (D_{at}). Le diamètre aérodynamique de transition est lié aux deux régimes continus et libre-moléculaire:

- Dans la zone proche de régime continu, Le diamètre aérodynamique de transition est lié à D_{ev} par :

$$D_{at} = D_{ev} \sqrt{\frac{1}{\chi_c} \frac{\rho_p}{\rho_0}} \qquad (5.124)$$

- Dans la zone proche de régime libre-moléculaire, Le diamètre aérodynamique de transition est lié à D_{ev} par :

$$D_{at} = \frac{\rho_p}{\rho_0} \frac{D_{ev}}{\chi_v} \qquad (5.125)$$

- Entre les deux régimes, Le diamètre aérodynamique de transition est lié à D_{ev} par:

$$D_{at} = \frac{D_{ev}^2 \dfrac{1}{\chi_c} \dfrac{\rho_p}{\rho_0}}{\dfrac{\rho_p}{\rho_0} \dfrac{D_{ev}}{\chi_v}} \Leftrightarrow D_{at} = D_{ev} \frac{\chi_v}{\chi_c} = D_{adj} \qquad (5.126)$$

Chen, Cheng, Dahneke montrent dans leurs travaux que cette formulation est en accord avec les données expérimentales dans le régime de transition pour les particules ultrafines (Chen, 1993; Cheng, 1991; Dahneke, 1973a). Au sein du classificateur DMA, l'écoulement des particules collectées est dans un régime transitoire. En combinant les équations (5.117), (5.120) et (5.114) on obtient:

$$D_a = \frac{C_c(\dfrac{\chi_v}{\chi_c} D_{ev})}{\chi_c C_c(D_m)} \sqrt{\frac{1}{\chi_c} \frac{\rho_p}{\rho_0}} D_m \qquad (5.127)$$

Knutson a déterminé la relation entre les paramètres de classification de la particule et de la mobilité électrique dans l'équation 1.42 (Knutson, 1975). En combinant les deux équations (5.127) et (2.42), on obtient une relation qui relie le diamètre aérodynamique de la particule à la tension, au nombre de charges, au débit et à la géométrie de DMA:

$$D_a = \frac{2Ne\overline{V}LC_c(\frac{\chi_v}{\chi_c}D_{ev})}{3\mu q_{sh}\ln\left(\frac{r_2}{r_1}\right)\chi_c}\sqrt{\frac{1}{\chi_c}\frac{\rho_p}{\rho_0}} \tag{5.128}$$

Nous savons qu'il existe une relation entre le nombre de particule primaire N_p et le diamètre de giration D_g de l'agrégat ont citons essentiellement les travaux de (Hess, 1986; Kutz, 1990; Schmidt-Ott, 1990; Van Gulijk et al., 2004). Schmidt-Ott admet qu'il existe un rapport constant entre le diamètre de mobilité électrique et celui de giration (Schmidt-Ott, 1990) :

$$N_p \propto D_g^{D_f} \propto \left(\frac{D_m}{D_{pp}}\right)^{D_f} \tag{5.129}$$

En fonction de cette équation, Ouf et al. (2008) ont proposé une relation entre le diamètre de mobilité électrique et le nombre de particule primaire en fonction de dimension fractale, qui est donné par :

$$D_m = \alpha.D_{pp}.N_p^{1/D_f} \tag{5.130}$$

En combinent les deux équations (5.127) et (5.130), on obtient une relation qui relie le diamètre aérodynamique de la particule à la tension, et au nombre de charges, au débit, et à la géométrie de DMA et la dimension fractale:

$$D_a = \frac{\alpha.D_{pp}.N_p^{1/D_f}.C_c(\frac{\chi_v}{\chi_c}D_{ev})}{\chi_c C_c(D_{pp})}\sqrt{\frac{1}{\chi_c}\frac{\rho_p}{\rho_0}} \tag{5.131}$$

5.6   Densité effective de mobilité

La densité effective ou apparente est un paramètre souvent définie dans la littérature à partir du matériau d'aérosols étudié. Diverses définitions de la densité effective qui sont utilisées donnent des valeurs différentes pour une particule donnée. Ainsi, il est important de comprendre comment une densité effective est obtenue pour leur adéquate utilisation. L'idée proposée ici est de calculer une densité effective propre à la technique utilisée pour dimensionner les particules submicroniques engendrées. Dans notre cas, on considère que la densité des particules est égale à une densité effective de mobilité ρ^m_{eff}.

La densité des particules (ρ_p) tel que défini dans l'équation (5.5) est considérée comme une densité effective par rapport à la densité intégrale du matériau (ρ_m) de la particule en question. Pour des particules sphériques, la densité des particules ρ_p est identique pour les différents diamètres équivalents. Lorsque la particule est non sphérique, dans ce cas ρ_p est différente de la densité du matériau ρ_m. La différence entre ρ_m et ρ_p est donc purement une fonction du facteur de forme de la particule et du facteur de Cunningham.

La définition de la densité effective de mobilité (ρ^m_{eff}) est le ratio de la masse des particules mesurées (m_p) au volume des particules calculées en supposant une particule sphérique avec un diamètre égal au diamètre de mobilité (D_m) mesurée. Par définition, la masse des particules peut être écrite en fonction de ρ^m_{eff} comme suit :

$$m_p = \rho^m_{eff} \cdot \frac{\pi}{6} D_m^3 \tag{5.132}$$

En combinant l'équation (5.5) et (5.132) par le remplacement de m_p, l'équation (5.132) on obtient:

$$\frac{\pi}{6} D_{ev}^3 \rho_p = \frac{\pi}{6} D_m^3 \rho^m_{eff} \tag{5.133}$$

En simplifiant l'équation (5.133), ρ^m_{eff} on obtient:

$$\rho^m_{eff} = \rho_p \left(\frac{D_{ev}}{D_m} \right)^3 \tag{5.134}$$

Cette densité effective ($\rho^m{}_{eff}$) est celle de particules sphériques de diamètre D_m et ayant la même masse que la particule réelle, $\rho^m{}_{eff} = \rho_p$. Pour des particules de forme irrégulières, le diamètre donné par le DMA est plus grand que le diamètre équivalent en volume : ce qui implique que $\rho^m{}_{eff} \leq \rho_p$ (Figure 5.19).

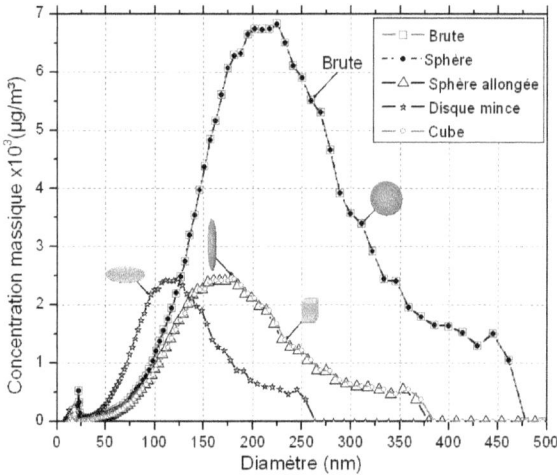

Figure 5.19   Correction de la densité pour différentes formes
de particules ultrafines observées

D'après les résultats obtenues par   MET et MEB, nous remarquons que les particules ultrafines au dessous de 100 nm sont généralement de forme isométriques (cubique ou sphère allongée). Au-delà de 100 nm, les particules sont de forme platées (disque mince). La correction de la réponse brute obtenue par le SMPS sera effectuée par rapport à la forme et la densité est représentée par la Figure 5.20.

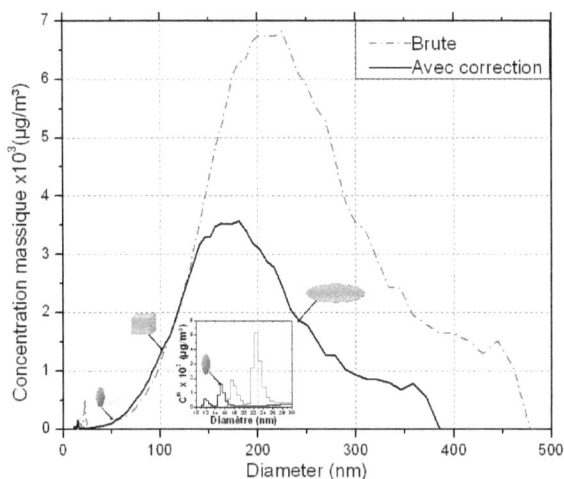

Figure 5.20   Correction des données brutes de SMPS
pour des formes non sphériques observées

Les hypothèses utilisées par l'instrument SMPS ne prennent pas en compte la morphologie des particules ultrafines dans le calcul. L'inconvénient de cet instrument tient au risque de surévaluation de la mesure, comme le montre la Figure 5.20. La taille des particules est largement surévaluée tant que la correction n'est pas appliquée au système. Afin d'améliorer le résultat, les hypothèses utilisées par l'instrument SMPS reste donc à modifier afin d'obtenir une réponse plus représentative de la réalité.

5.7   Conclusion

Une approche mathématique pour la correction des résultats obtenus par le SMPS a été l'objectif d'évaluation. Une assez grande variabilité de taille et de forme a été observé pour les PUF généré durant l'usinage ; cette variabilité provient des divers mécanismes complexes qui intervenant dans la génération et dans l'évolution des particules. Ces mécanismes sont sensibles aux conditions de coupe et à l'environnement. Nous avons présenté les différentes théories permettant de déterminer la taille des PUF. Bien que les théories semblent maintenant bien établies, nous avons constaté, qu'il n'existe pas de validation complète intégrant notamment la mesure de la densité. Par ailleurs, nous avons montré que l'interprétation des données obtenues par les appareils métrologiques commerciaux généralement employés pour la caractérisation des PUF, surévalue ou sous-estime leurs tailles qui a un lien direct avec la densité. L'impact de cette correction s'est révélé important d'un point de vue quantitatif (facteur de 2). L'application de cette correction nécessite une investigation profonde. La correction semble donc améliorer la qualité des informations fournies par le SMPS par l'augmentation de la sensibilité et la précision de l'instrument.

CHAPITRE 6

ETUDE DU PHENOMENE DE GENERATION DES PARTICULES MÉTALLIQUES
DURANT L'USINAGE

6.1   Introduction

L'étude du phénomène de génération des particules métalliques par la coupe des
matériaux tels que les alliages d'aluminium consiste à rechercher les relations entre les
caractéristiques du matériau à usiner, de l'outil et les paramètres fondamentaux caractérisant
les conditions de coupe. Dans l'absolu, on pourrait imaginer dissocier l'effet de
l'environnement du procédé lui-même qui résume les interactions entre la pièce et l'outil. On
cherche cependant à limiter les effets périphériques à la coupe pour focaliser l'observation
dans une zone proche de la coupe (Remadna, 2001). Les émissions dans l'usinage à sec sont
constituées de substances solides extrêmement hétérogènes en taille et forme, présentant une
vitesse de chute négligeable. Donc, il est nécessaire de connaître toutes la gamme de taille et
de forme produites lors d'un procédé d'usinage. Le but de cette partie d'étude est la
compréhension de l'influence des paramètres de coupe sur la génération des particules
métalliques et la prédiction de la quantité générée. Pour vérifier la variabilité de la génération
des particules métalliques en fonction des paramètres de coupe, une série d'essais a été faite
pour tracer des cartes de générations des particules métalliques et connaître l'influence de
chaque paramètre.

6.2   Méthodologie comparative de type plan d'expériences

Afin de vérifier l'influence et la variabilité des paramètres de coupe sur la génération des
particules métalliques, une série d'essais a été effectuée pour collecter, mesurer et modéliser
la génération de particules lors d'un processus d'usinage à sec. Les expériences sont
effectuées sur la machine-outil HURON – K2X10 (Puissance: 50 kW, Vitesse: 28000 rpm,
Couple: 50 Nm). L'instrumentation utilisée est le SMPS^{TM} (Scanning Mobility Particle Sizer
Spectrometer) pour déterminer la distribution granulométrique des particules et le MOUDI

(Micro-Orifice Uniform-Deposit Impactor) pour une analyse par la microscopie électronique à transmission et à balayage. Une enceinte est utilisée afin de confiner le volume d'air qui contient les particules émises par le procédé d'usinage. L'échantillonnage est assuré par un pompage ou aspiration de l'air provenant de la zone de coupe. L'ensemble expérimental est donné par la figure 6.1. La collecte des particules métalliques au cours de l'usinage se fait sur des substrats en métal ou en polycarbonate.

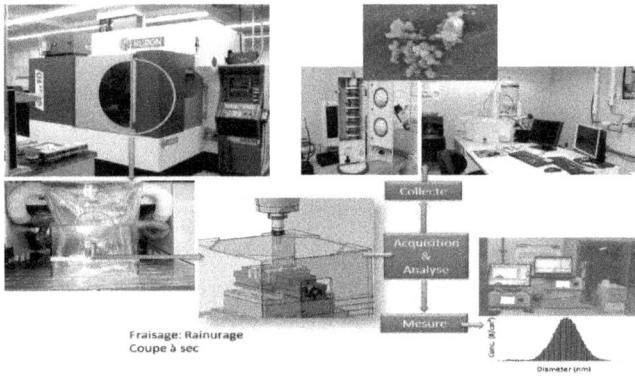

Figure 6.1   Montage expérimental

Après la génération de ces particules métalliques, elles seront projetées vers l'extérieur de la zone de coupe. Comme il l'a été montré précédemment dans le chapitre III, la dispersion des particules dépend du processus utilisé (Figure 4.2~4). En effet, il suffit de se placer derrière l'outil de coupe dans le sens opposé à l'avance pour assurer une bonne captation de ces particules (Figure 6.2).

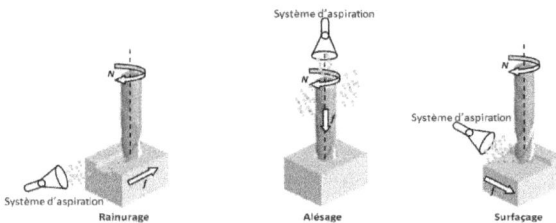

Figure 6.2   Représentation de position de tuyau d'aspiration

La détermination du domaine d'étude est étroitement liée aux connaissances initiales sur le phénomène, mais également aux objectifs visés par l'expérimentation. Le choix du domaine d'étude est également contraint par des combinaisons de niveaux impossibles. Nous définissons le domaine d'étude et de validité de l'expérience menée en considérant les limites possibles pour la variation des facteurs, sur le banc d'essai et spécialement au niveau de la machine-outil HURON. Nous rappelons que les résultats de l'étude ne seront valables que sur le domaine de variation des facteurs considérés. L'usinage est effectue sans lubrification et les valeurs recommandées par le fabricant des outils sont :

- vitesse de coupe V_c (m/mn) : 300-1500 m/min ;
- la vitesse d'avance f_z (mm/z) : 0.15-0.28 mm/dent.

Les matériaux utilisés dans ce travail sont des alliages d'aluminium dont le champ d'application est très vaste dans l'industrie de fabrication mécanique. Les caractéristiques mécaniques sont présentées dans le tableau 6.1.

Tableau 6.1   Caractéristique mécanique des matériaux

Matériau	Dureté – Brinell	Limite élastique
Al 6061- T6	95	190 Mpa
Al 2024- T351	120	324 Mpa
Al 7075-T6	150	462 Mpa

Un outil constitué d'un corps en acier (Iscar Réf: E90A-D.75-W.75-M) sur lequel trois plaquettes de coupe sont assemblées a été utilisé (tableau 6.2).

La méthodologie comparative de type plan d'expériences (noté DOE) est utilisée pour comprendre la relation entre les paramètres du procédé de coupe et les concentrations des particules émises lors d'usinage. L'étude d'un plan complet multi-niveau consiste à varier la vitesse de coupe, l'avance et la profondeur de coupe en fonction des différents outils et matériau de la pièce. On a choisi ici les limites du domaine de telle sorte qu'il soit le plus large possible. Les niveaux ont fait l'objet de compromis entre deux risques :

166

- si les niveaux sont trop proches l'un de l'autre, on risque de ne pas mettre en évidence l'effet des facteurs ;
- si les niveaux sont trop éloignés les uns des autres, l'hypothèse de linéarité est moins réaliste et on risque en plus d'aboutir à des combinaisons entre facteurs irréalisables dans la pratique.

Sur la base des facteurs identifiés dans le tableau 6.2 et à l'aide d'un outil d'analyse (StatGraphics) applicable à l'évaluation des paramètres sélectionnés, on a créé un plan factoriel multi-niveaux contenant 162 essais (N) calculé par l'expression :

$$N = 3^k 2^l \tag{6.1}$$

Ou k est le nombre de facteurs a 3 niveaux et l est le nombre de facteurs à 2 niveaux.

Tableau 6.2   Paramètres d'usinage utilisés dans l'étude expérimentale

Facteurs		Niveau de facteurs		
		1	2	3
A: Vitesse de coupe (m/min)		300	750	1200
B: Avance par dent (mm)		0.01	0.055	0.1
C: Profondeur de coupe (mm)		1	2	
D: matériau de la pièce		Al 6061-T6	Al 2024-T351	Al 7075-T6
E: Outil de coupe (Iscar Réf: E90A-D.75-W.75-M); 3 dents	Réf.	IC 328	IC 908	IC 4050
	Revêtements et duretés	TiCN 2400 HV	TiAlN 3000 HV	TiCN+Al$_2$O$_3$+TiN 2400 HV (top coating)
	Rayon de bec r [mm]	0.5	0.83	0.5
Fluide de coupe		Non		

Pour évaluer les paramètres de coupe, le nombre des particules produites (noté C^P), la surface spécifique moyenne des particules (noté C^S), et la masse totale des particules (noté C^m) ont été utilisés comme la production des réponses. Les variables de sorties ont été mesurées avant, pendant et après tous le procédé de coupe jusqu'au retour à la concentration ambiante. C^P, C^m et C^S sont calculés à partir d'équations données dans le tableau suivant :

Tableau 6.3   Différents concentrations utilisé pour évaluer les paramètres de coupe

	C^p (#/cm³)	C^S (nm²/cm³)	C^m (µg/m³)
Concentration	$\displaystyle\sum_l^u \frac{c}{tQ}\frac{\phi}{\eta}$	$\displaystyle\sum_l^u \pi D_p^2 \frac{c}{tQ}\frac{\phi}{\eta}$	$\displaystyle\sum_l^u \rho\frac{\pi D_p^3}{6}\frac{c}{tQ}\frac{\phi}{\eta}$

Avec :

c : concentration en nombre des particules par taille (#/cm³).

η : Facteur d'efficacité.

ϕ : Facteur de dilution.

D_p : diamètre de la particule.

Q : Débits d'échantillonnages (cm³/secondes).

t : Temps d'échantillonnage en secondes.

ρ : Densité de la particule.

   Les données brutes du SMPS enregistrées en une condition imposée varient par classe de taille. Il est important de se rappeler que dans le cas des particules engendrées durant l'usinage, le diamètre mesuré est un diamètre de mobilité équivalent (c'est-à-dire le diamètre de la sphère qui aurait un comportement identique dans le champ électrique considéré). La concentration particulaire est calculée à partir de la mesure de la charge électrique portée par les particules (Tableau 6.3). L'analyse des particules par microscopie est utilisée pour connaître le paramètre de taille D_{ev} (diamètre équivalent en volume). Le diamètre équivalent en volume d'une particule correspond au diamètre qu'aurait une sphère de même volume que la particule. Ce diamètre permet une estimation de la densité des particules. Dans le cas des particules engendrées durant l'usinage, le diamètre équivalent en volume peut être exprimé en fonction de la forme de ceux-ci. La valeur de diamètre équivalent en volume est calculée à partir des facteurs de correction introduits pour des formes non sphériques. Les formes et les populations sont ensuite adaptées manuellement pour décrire au mieux la distribution SMPS. Ces corrections sont effectuées manuellement sur un tableau Excel. La correction des données brutes est appliquée à chaque réponse avant toute analyse. Le tableau 4.4 a été élaboré pour permettre la correction des concentrations défini par les équations dans le tableau 6.3. La correction manuelle des concentrations doit être faite en fonction d'un diamètre équivalent en volume, quel que soit le niveau de distribution.

Tableau 6.4 Exemple d'une correction des concentrations données par le SMPS pour une distribution des particules métalliques

Données brutes				Données corrigés			
Diamètre D_m (nm)	C^P_1 (#/cm³)	C^S_1 (nm²/cm³)	C^M_1 (µg/m³)	Diamètre D_{ev} (nm)	C^P_2 (#/cm³)	C^S_2 (nm²/cm³)	C^M_2 (µg/m³)
14,1	1,62E+03	1,01E+06	0,0185	9,6	1,62E+03	4,65E+05	0,0018
14,6	1,46E+03	9,78E+05	0,0185	9,9	1,46E+03	4,50E+05	0,0058
15,1	4,76E+04	3,41E+07	0,6720	10,2	4,76E+04	1,57E+07	0,2096
49,6	2,29E+05	1,77E+09	113,8216	33,6	2,29E+05	8,14E+08	35,4992
51,4	2,27E+05	1,88E+09	126,2952	34,9	2,27E+05	8,66E+08	39,3895
53,3	2,29E+05	2,04E+09	141,8872	36,1	2,29E+05	9,40E+08	44,2524
94,7	2,54E+05	7,16E+09	880,9480	64,2	2,54E+05	3,29E+09	274,7540
98,2	2,68E+05	8,12E+09	1036,8680	66,6	2,68E+05	3,73E+09	323,3831
101,8	2,81E+05	9,15E+09	1208,3800	69,0	2,81E+05	4,21E+09	376,8750
105,5	2,88E+05	1,01E+10	1379,8920	71,5	2,88E+05	4,63E+09	430,3669

6.3   Effets directs des facteurs sur la réponse

La courbe des effets directs de chaque paramètre (Figure 6.3.*a* et 6.3.*b*) du nombre et de la masse des particules générées fait ressortir immédiatement les facteurs importants qui sont le matériau (E) et l'outil (D). Un changement de matériau par exemple le 2024-T351 par le 7075-T6, permet d'obtenir une réduction d'émission des particules (diminution de près de 13 %). Ici les pertes dans le système de mesure ne sont pas prises en compte pour l'estimation de cette réduction. Tandis qu'un changement d'outil de rayon de bec petit par un outil de rayon de bec plus grand fait augmenter l'émission des particules. Les paramètres tels que la profondeur de coupe (C), la vitesse de coupe (A) et l'avance (B) apparaissent comme des facteurs ayant une action beaucoup moins importante sur la réponse. Par contre, la courbe des effets directs (Figure 6.3.c) de la surface spécifique des particules fait ressortir immédiatement les facteurs vitesse de coupe, profondeur de coupe, avance et outil comme des paramètres ayant une action importante. Le paramètre matériau apparait comme un facteur qui a une action beaucoup moins importante sur la réponse C^S.

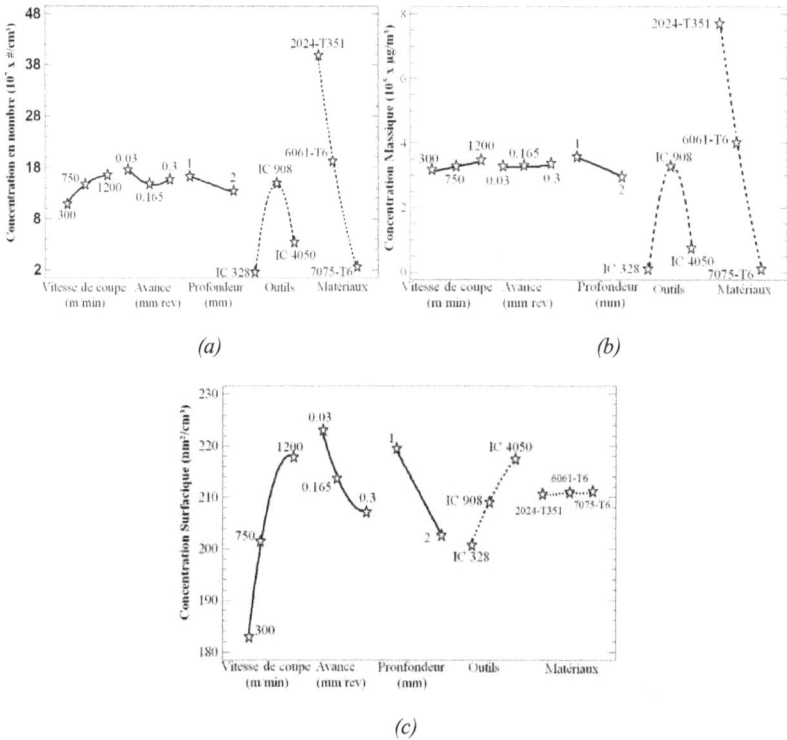

(a)   (b)

(c)

Figure 6.3   Tracé des effets directs des facteurs sur la réponse : (a) concentration en nombre C^P (b) concentration en masse C^m (c) surface spécifique C^S

6.4   Effets directs de la vitesse de coupe et le matériau sur la réponse

La figure 6.4 montre un spectre de répartition des particules par taille en fonction de leurs concentrations numériques. À partir de cette figure on remarque une diminution des émissions de particules ultrafines quand la vitesse de coupe augmente. Ainsi la comparaison des différents alliages d'aluminium montre que les émissions de particules métalliques

diminuées. Cette observation peut s'expliquer par le fait que chacun des matériaux à une ténacité différents (150 HB pour 7075-T6 et 95 HB pour 6061-T6). D'autre part, leurs propriétés mécaniques ainsi que leur dureté pourraient avoir joué un rôle important. Ce résultat est en bon accord avec les résultats de Khettabi et al. (2009), qui a montré que pour la même famille de matériaux, selon les conditions de coupe et géométrie de l'outil, les matériaux ductiles produisent plus de particules fines par rapport aux matériaux fragiles.

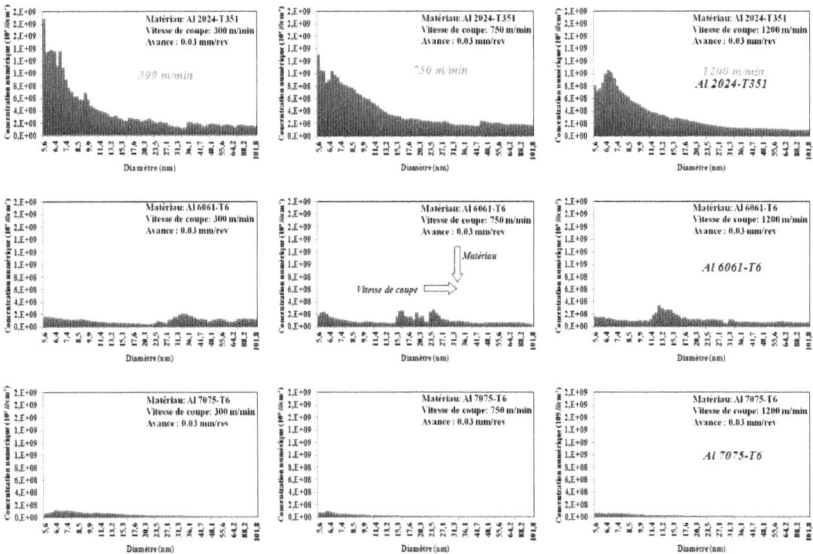

Figure 6.4   Concentration numérique en fonction de la distribution de taille
pour les différents alliages d'aluminium

6.5   Diagramme de Pareto

L'étude de l'influence des paramètres sélectionnés a pour but de déterminer la combinaison des facteurs qui permettraient d'augmenter la génération des particules métalliques. Le diagramme de Pareto permet de déterminer les facteurs influents par ordre de contribution décroissante. La lecture du diagramme de Pareto (Figure 6.5) met en évidence la prédominance du rôle du facteur matériau sur la réponse concentration en nombre et en masse. Par contre pour la réponse surface spécifique c'est le facteur outil qui domine. Ainsi, nous pouvons voir qu'à eux seuls les deux facteurs matériau et outil expliquent plus de 90% de la variation de la réponse. Les contributions des facteurs avance et profondeur de coupe sont dissimulées vue que leur influence est faible.

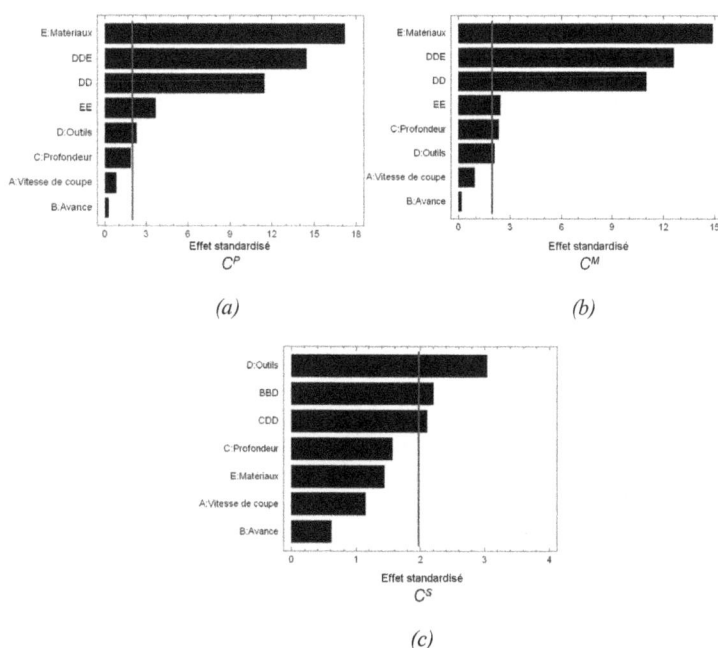

(a)   *(b)*

(c)

Figure 6.5   Diagramme de Pareto: (a) concentration en nombre C^P (b) concentration en masse C^m (c) surface spécifique C^S

C'est ainsi que les facteurs matériau et outil apparaissent comme étant ceux à contrôler afin de réduire les émissions des particules métalliques. L'analyse des effets directs des facteurs sur la réponse, leurs interactions et l'ordre de contribution nous a permis de distinguer la grande influence de l'outil de coupe et le matériau usiné sur la génération des particules métalliques. Ainsi, cette analyse nous a permis de classer les trois matériaux étudiés en fonction de leur pouvoir de génération des particules (Figure 6.6).

172

(a)

(b)

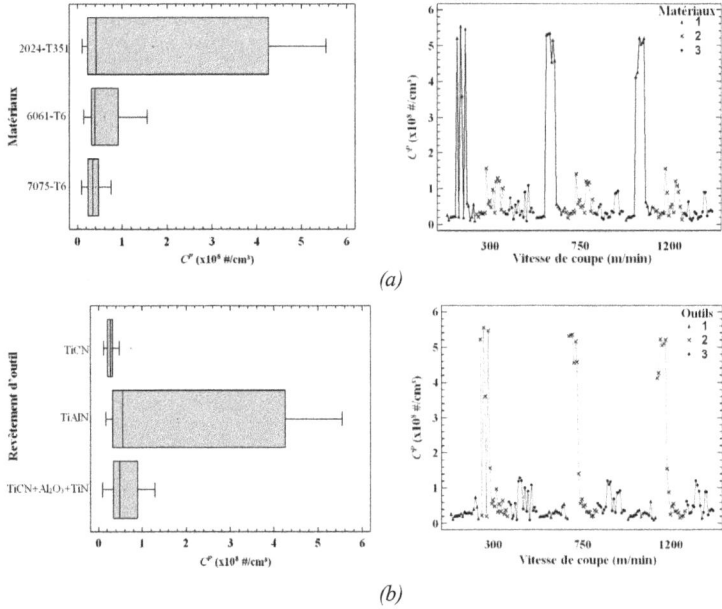

Figure 6.6   Tracé de pouvoir d'émission des particules métalliques: (a) Matériaux (b) Outils

Pour formuler le modèle de prédiction de génération des particules métalliques par rapport à l'influence de ces facteurs, nous allons analyser le pouvoir de générer de particules pour le matériau 2024-T351 avec l'outil de revêtement TiAlN et rayon de bec de 0,83 mm, qui représente la grande concentration émise. L'analyse de variance (ANOVA) permet d'étudier les effets principaux des paramètres indépendants ainsi que leurs interactions afin de connaître leurs effets combinés sur la réponse dépendante. En fonction des variables significatives et de leurs interactions, une analyse de régression multiple va permettre d'établir un modèle empirique présentant un coefficient de détermination R^2. ANOVA détermine lequel de ces effets dans le modèle de régression est statistiquement significatif en utilisant les valeurs P. L'analyse de la variance (Tableau 6.5) à montré que le seul effet d'interaction significatif est celui de vitesse de coupe avec l'avance.

Tableau 6.5 Analyse de la variance pour les différentes réponses C^P, C^M et C^S

Analyse de variance pour C^P (R^2=70%)					
Source	Somme des carrés ($\times 10^{17}$)	DDL	Rms ($\times 10^{17}$)	F-Ratio	Valeur-P
A:Vc	1,999	1	1,999	17,71	0,0012
B:f_z	0,104	1	0,104	0,92	0,3565
C:P	0,015	1	0,015	0,14	0,7175
BB	0,967	1	0,967	8,56	0,0127
ABB	1,371	1	1,371	12,14	0,0045
Total erreur	1,355	12	0,113		
Total (corr.)	4,442	17			
Analyse de variance pour C^M (R^2=88%)					
Source	Somme des carrés (10^{12})	DDL	Rms (10^{12})	F-Ratio	Valeur-P
A:V_c	1,0307	1	1,0307	51,89	0,0000
B:f_z	0,0862	1	0,0862	4,34	0,0614
C:P	0,0014	1	0,0014	0,07	0,7954
AA	0,1366	1	0,1366	6,88	0,0237
BB	0,2977	1	0,2977	14,99	0,0026
ABB	0,8550	1	0,8550	43,05	0,0000
Total erreur	0,2185	11	0,0198		
Total (corr.)	1,7986	17			
Analyse de variance pour C^S (R^2=78%)					
Source	Somme des carrés	DDL	Rms	F-Ratio	Valeur-P
A:V_c	9,92	1	9,92	9,92	0,0016
B:f_z	3,24	1	3,24	3,24	0,0719
C:P	10,14	1	10,14	10,14	0,0015
AA	4,27	1	4,27	4,27	0,0388
AB	37,41	1	37,41	37,41	0,0000
BB	13,56	1	13,56	13,57	0,0002
BC	11,80	1	11,80	11,80	0,0006
AAB	33,37	1	33,37	33,37	0,0000
ABB	7,59	1	7,59	7,59	0,0059
ABC	10,81	1	10,81	10,81	0,0010
BBC	48,30	1	48,30	48,30	0,0000
Total erreur	86,25	6	14,37		
Total (corr.)	384,98	17			

Les résultats de l'analyse de variance présentés dans le tableau 6.5 montrent notamment l'importance prépondérante sur la concentration en nombre et en masse des effets de la vitesse de coupe, avec une contribution de 45% pour la concentration en nombre et de 57,3% pour la concentration en masse. L'avance a une contribution de 2,34 % pour la concentration en nombre et de 4,8% pour la concentration en masse. Le tableau 6.5 montre aussi l'importance prépondérante sur la surface spécifique des effets de la vitesse et la profondeur de coupe, avec une contribution de 2,57% et 2,63% respectivement. Les effets de ces facteurs sont par ailleurs beaucoup plus significatifs que le reste des effets. De plus, les caractères significatifs de l'interaction (vitesse× vitesse× avance), (vitesse × avance × avance) et (avance × avance × profondeur), (vitesse × avance) sont mis en évidence par le tableau 6.5 de l'ANOVA.

6.6   Modèle du système étudié

Dans le cas présent, nous allons utiliser un modèle additif avec interactions. La forme générale du modèle, exprimant la réponse Y (concentration) en fonction des paramètres x étudiés, s'écrit alors de la manière suivante :

$$Y = \beta_0 + \sum_{i=1}^{k} \beta_i x_i + \sum_{i=1}^{k} \beta_i x_i^2 + \sum_{i=1}^{k} \sum_{j=i+1}^{k} \beta_{ij} x_i x_j + \varepsilon \qquad (6.2)$$

Avec β_0 est la moyenne arithmétique des données, β_i est l'effet du facteur i, x_i est le niveau ou la valeur du facteur i, β_{ij} sont les effets des interactions entre les facteurs testés et ε l'erreur.

Afin d'établir un modèle pour expliquer la réponse, il faut tout d'abord vérifier la qualité de celui-ci. Le test statistique qui mesure la qualité de la modélisation est le coefficient de corrélation multiple R^2, qui exprime le rapport entre la variance expliquée par le modèle et la variance totale. Pour déterminer les paramètres qui sont plus influents sur les réponses dépendantes dans notre modèle empirique, nous avons comparé R^2 en suivant la méthode pas à pas utilisée manuellement, qui démarre du modèle complet et à chaque étape la variable associée qui a la plus grande valeur P (Tableau 6.5) est éliminée du modèle. Les résultats compilés dans le tableau 6.5 montrent que toutes les variables Profondeur (C), avance (B), vitesse de coupe (A) et les interactions d'ordre 2 à savoir (AA), (BB), (AB), (ABB), (AAB), et (BBC) ont un effet significatif sur les variables dépendantes C^P, C^M et C^S.

Cette méthode nous a permis de classifier selon le degré d'ajustement et de choisir le modèle recherché qui est du type suivant :

- *Modèle proposé pour la réponse C^P :*

$$C^P = 5.54\ 10^8 + 4.45\ 10^5 V_C - 2.83\ 10^{10} f_z - 1.86\ 10^7 P + 2.63\ 10^{11} f_z^2 - 2.49\ 10^8 V_C . f_z^2 \tag{6.3}$$

- *Modèle proposé pour la réponse C^M :*

$$C^M = 1.14\ 10^6 + 6.17\ 10^2 V_C - 6.42\ 10^7 f_z + 1.76\ 10^4 P - 0.9 V_C^2 + 6.01\ 10^8 f_z^2 - 6.21\ 10^5 V_C . f_z^2 \tag{6.4}$$

- *Modèle proposé pour la réponse C^S :*

$$C^S = 221.5 - 0.07 V_c + 458.34 f_z + 1.05 P + 4.94\ 10^{-5} V_c^2 + 0.51\ V_c f_z - 4.67\ 10^3 f_z^2 - 4.19\ 10^3 f_z P$$
$$+ 10^{-5} V_C^2 f_z - 1.85 V_c f_z^2 + 3.43\ 10^3 V_c . f_z . P + 10^{-5} f_z^2 P \tag{6.5}$$

La valeur du coefficient de corrélation multiple, par exemple pour la concentration en masse C^m qui est égale à 0,88 signifie que la réponse est expliquée 88 % par le modèle proposé.

L'équation du modèle choisi permet aussi de déduire les facteurs principaux et les interactions correspondantes ayant le moins d'influence (les facteurs manquants) sur la perte de qualité du modèle original (modèle complet, R^2 = 94%). La validation des résultats donnés par le modèle consiste à vérifier si les hypothèses retenues au départ du plan d'expérience sont bien vérifiées. Dans notre cas, tous les nœuds du maillage de notre plan d'expérience sont bien testés. Nous avons donc pu calculer toutes les interactions. Il reste cependant l'hypothèse de linéarité de la réponse à vérifier. Pour cela, si la répartition des valeurs d'effets est normale, les points ainsi reportés doivent s'aligner sur une droite. Si un effet ne vérifie pas cette condition, cela signifie qu'il s'éloigne de la normalité, et donc qu'il est susceptible d'être significatif. Le facteur ou l'interaction correspondante peut donc être influente dans ce cas.

Après analyse de la normalité, la répartition des valeurs des effets est normale. Les points reportés sont presque alignés sur une droite. Les effets qui s'écartent de la droite et qui sont considérés comme « significatifs ou probablement actifs » sont due aux erreurs de mesure (Figure 6.7).

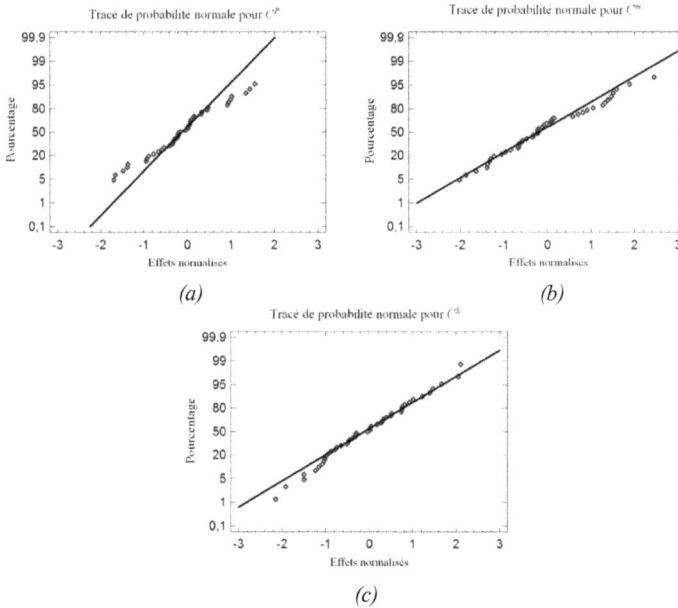

Figure 6.7   Normalité de la répartition des valeurs d'effets : (a) concentration en nombre C^P (b) concentration en masse C^m (c) surface spécifique C^S

Pour déceler les défaillances de nos modèles proposés, l'analyse des résidus est nécessaire pour tester la validité d'un modèle de régression. Après le test, on observe une variance homogène des résidus en fonction des valeurs prédites et de chaque paramètre significatif. La distribution des résidus en fonction des prédictions est aléatoire (ceci ne fait pas apparaître de forme géométrique simple); ce qui nous conduit à penser que le modèle choisi n'occulte pas de phénomène susceptible d'être significatif. La répartition aléatoire des résidus en fonction de l'organisation des essais vérifie l'hypothèse de l'indépendance des résidus (Figure 6.8).

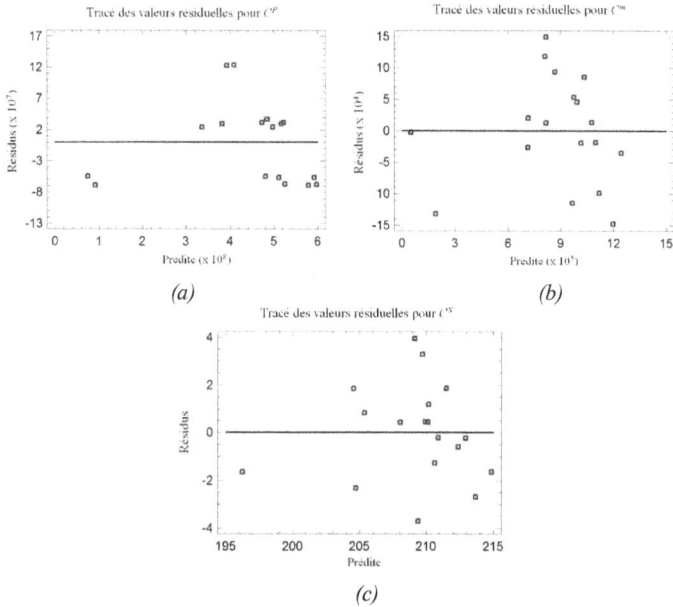

Figure 6.8   Distribution des résidus en fonction des prédictions :
(a) concentration en nombre C^P (b) concentration en masse C^m (c) surface spécifique C^S

6.7   Surface de réponse

La surface de réponse (Figure 6.9) matérialise la variation de l'émission des particules métalliques en fonction de la vitesse de coupe et de l'avance. La restitution sous forme graphique de l'équation du modèle permet d'illustrer les variations de la réponse et éventuellement d'identifier des zones du domaine expérimental dans laquelle l'émission des particules métalliques est maximale ou minimale. Dans notre étude, le maximum est donné par une vitesse de coupe critique ($Vc \approx 800$ m/min) pour une géométrie spécifique de l'outil ($r = 0,83$ mm).

178

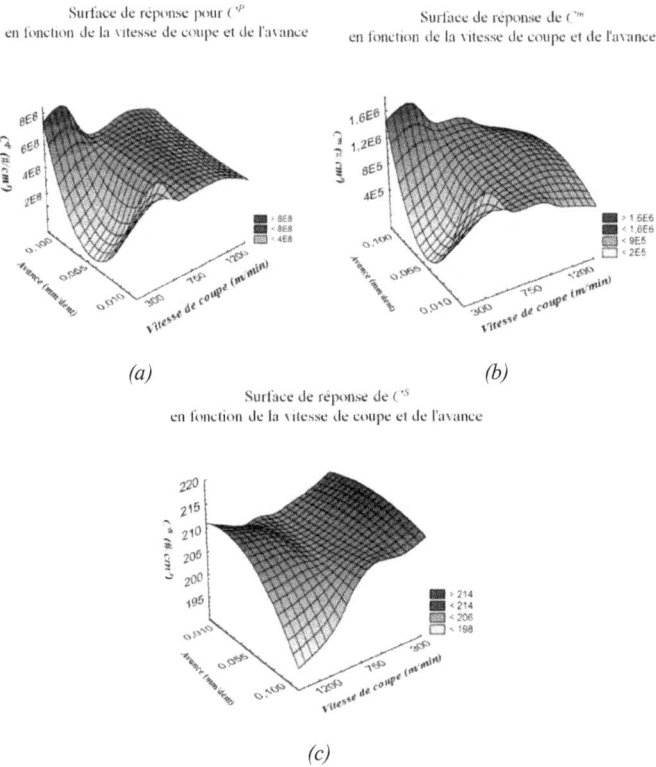

(a)

(b)

(c)

Figure 6.9   Surface de réponse de C^P, C^M and C^S en fonction de la vitesse de coupe et l'avance (matériau 2024-T351 et l'outil TiAlN)

Dans le domaine expérimental considéré, les courbes de contributions soulignent l'importance majeure du facteur matériau et outil sur le niveau de vitesse de coupe atteint par l'émission des particules métalliques. Le facteur profondeur de coupe joue aussi un rôle non négligeable dans l'obtention de grande génération des particules, mais à un degré moindre par rapport à l'avance, ce qui peut aussi s'expliquer par la plage de profondeur de coupe explorée relativement faible. Ce qui nous conduit à conclure que l'importance capitale du facteur vitesse de coupe dans la gérance des émissions et l'existence d'une vitesse critique là ou l'émission des particules est plus grande est à présent bien connue.

6.8   Discussion

Les effets que nous venons de décrire, ont été suffisamment développés pour analyser de manière complète le mode d'émission des particules métalliques. Nous cherchons les paramètres de coupe pour lesquels nous obtenons le minimum d'émission. L'application de la méthode de plan d'expérience a permis d'analyser statistiquement les résultats de génération des particules métalliques, malgré leur aspect aléatoire dans le cas d'usinage. L'analyse a montré que le paramètre de matériau à un effet direct sur la génération des particules. Cet effet est significatif si la vitesse de coupe choisie égale à une vitesse critique (vitesse de coupe qui correspond à la zone de grande émission). Pour les sources de génération de poussières, certains chercheurs l'ont expliqué par le phénomène de frottement dont certaines sont propres au perçage (Khettabi, 2009b; Kouam et al., 2011; Songmene, 2008b). Ces zones de frottement ne sont pas les seules génératrices de poussières. La formation du copeau est l'élément principal qu'on peut étudier pour mieux comprendre le phénomène d'émission de poussières. La formation du copeau s'identifie par quatre zones, dans lesquelles les modes de sollicitation sont différents (Figure 6.10) et chacune de ces zones a une influence sur la formation de poussière.

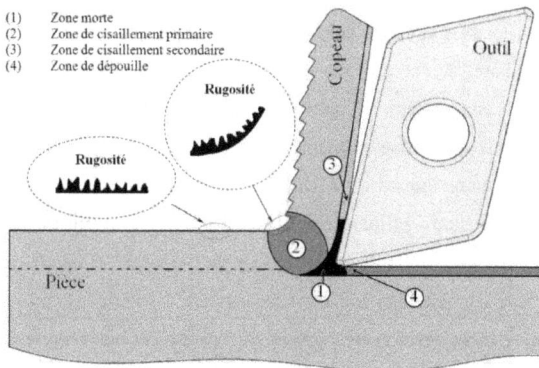

Figure 6.10   Représentation des différentes zones de la coupe

Une partie de la matière change brutalement de direction à l'avant de l'outil, elle est alors détachée du reste de la pièce et forme le copeau. Le copeau qui se forme est donc soumis à

180

des sollicitations de compression qui provoquent une fissuration du matériau et un glissement du copeau apparaît. Ce changement de direction provoque de fortes déformations de la matière à des vitesses très élevées. Ce phénomène brutal comprime la face extérieure du copeau dans un espace très réduit (Zone 2). En générale, la surface des pièces sont déterminées par des aspérités irrégulières. Ces aspérités se heurts entre eux dans cet espace restreins, qui génère des poussières par cisaillement des crêtes de ces aspérités (Figure 6.11).

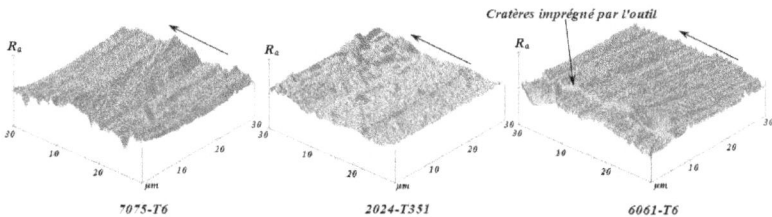

Figure 6.11   Principaux états de surface observés après l'usinage pour les trois alliages d'aluminium (La flèche indique la direction de l'avance)

A la sortie de la zone de cisaillement primaire, le copeau n'est pratiquement plus sollicité, en dehors d'une zone située à l'interface outil-copeau. Sous l'effet des frottements à de fortes pressions et fortes températures, se crée une zone de déformation locale appelée zone de cisaillement secondaire. A cet endroit, il existe sur une faible épaisseur du copeau, un gradient de vitesse. Cette gradient à l'intérieur de la zone de cisaillement secondaire entraîne des déformations dans cette zone et segmente le copeau. La déformation dans cette zone libère des particules pour atteindre un équilibre par rapport à la création des nouvelles surfaces (libère les tensions surfacique). Khettabi et al. 2009 illustre le mécanisme de formation de poussières par frottement à l'interface outil-copeau (Figure 6.12). Le copeau est formé par des micro-segments qui subissent localement, à leurs extrémités, un écrouissage. Les parties écrouies se durcirent et se séparent par la suite par une rupture fragile locale. La taille des particules générées dépend de la rugosité de la face de coupe de l'outil, des conditions de coupe et du matériau de la pièce.

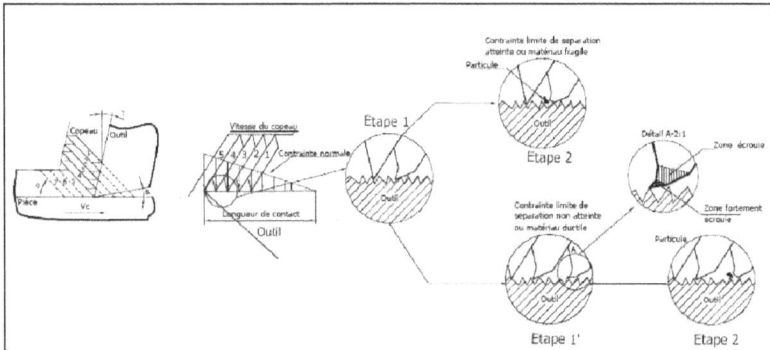

Figure 6.12   Cisaillement secondaire
Tirée de Khettabi (2009)

En avant de l'arête de l'outil, existe une zone dans laquelle la matière coupée stagne (zone morte). En fonction des conditions de coupe et du matériau, les dimensions de la zone morte peuvent varier et engendrer la formation d'une arête rapportée à la pointe de l'outil (Figure 6.13). La déformation élasto-plastique d'origines mécanique et thermique de l'arrête rapportée sera un des origines des émissions de particules métalliques.

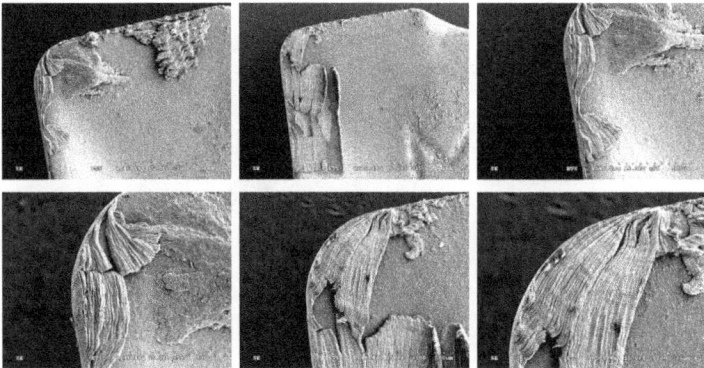

Figure 6.13   Arête rapportée à la pointe de l'outil TiALN et TiCN+Al$_2$O$_3$+TiN

L'arête rapportée va s'évacuer soit en passant du côté du copeau (zone de cisaillement secondaire), soit en passant du côté de la pièce (zone de dépouille), avec pour conséquence une détérioration de la qualité de la surface réalisée et génération des particules (Figure 6.11). Astakhov et al. (2006) a montré que le phénomène de coupe est un processus cyclique. Comme le phénomène de génération de particules métalliques est liée directement à la formation de copeau, nous considèrent aussi que la génération de particules est un processus cyclique (Figure 6.14). Chaque cycle comprend cinq phases:

(1) phase d'émission de la zone de cisaillement primaire et cisaillement des crêtes d'aspérités ;
(2) phase d'émission de la zone de segmentation de copeau ;
(3) phase d'émission de la zone de cisaillement secondaire ;
(4) phase d'émission de la zone de dépouille ;
(5) phase d'émission par rapporte a l'arrête rapportée.

La phase 2, 3 et 5 se produise en même temps et de même pour la phase 4 et 5. S'il n'y a pas de création de l'arête rapportée, la phase 5 s'annulera du cycle.

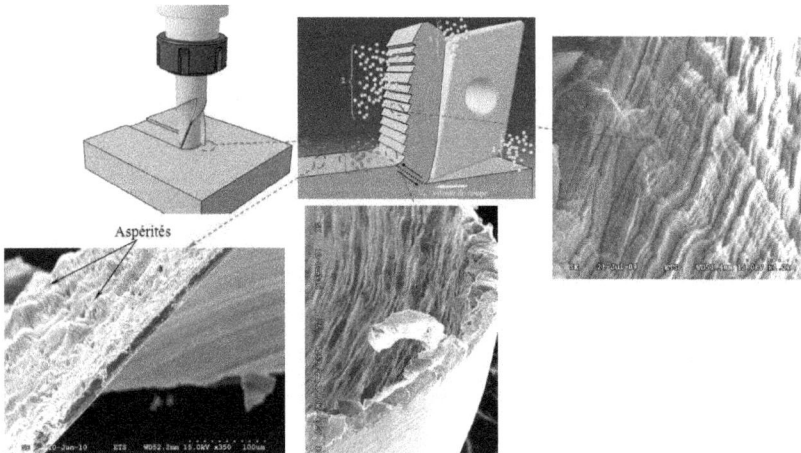

Figure 6.14   Représentation des différentes zones de coupe

Cette description phénoménologique du processus peut être interprétable par l'introduction des familles de copeaux pour expliquer la phase la plus productive en poussières d'usinage. Selon les conditions de coupe, on peut distinguer trois familles de copeaux (Figure 6.15) :

- Copeau avec segmentation ouverte: il est en majorité formé des segments séparés, dus à la rupture du matériau (2024-T351).
- Copeau avec segmentation moyennement ouverte: il est composé des segments plus ou moins connectés entre eux, résultant de variations périodiques de la déformation locale très peu cisaillées (6061-T6).
- Copeau avec segmentation clos: la continuité du matériau y est préservée, et les déformations plastiques dans les zones de cisaillement sont quasi uniformes (7075-T6).

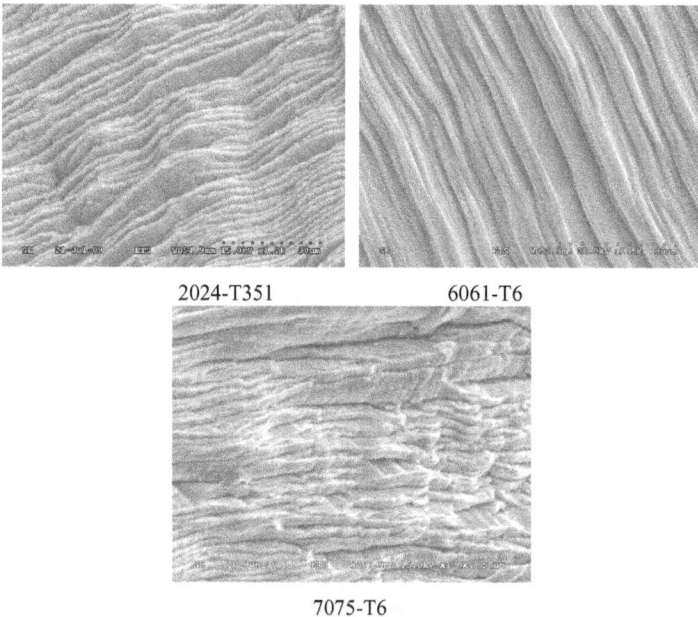

2024-T351   6061-T6

7075-T6

Figure 6.15   La face segmentée des copeaux dans les mêmes conditions d'usinage

L'irrégularité de la surface observée de la face extérieure du copeau (Figure 6.15) montre que le degré de séparation entre les bandes coïncide avec le pouvoir d'émission des particules (Figure 6.6.a). Ces résultats reflètent que le nombre élevé de segmentation et l'espacement entre ces derniers engendrés une grande quantité de poussières. Il est fort probable qu'une grande partie de poussières émises vient de cette zone (Figure 6.16).

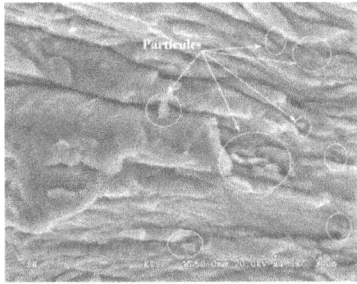

Figure 6.16   Particules émises de la zone segmentée de copeau

6.9   Conclusion

La réduction des émissions de particules métalliques devrait contribuer à protéger l'environnement et améliorer la qualité de l'air dans les ateliers d'usinage. Dans cette partie de travail, on a montré que les paramètres et les conditions de coupe influencent significativement la production de particules métalliques. Nos résultats expérimentaux démontrent que les émissions des particules métalliques durant l'usinage sont affectées par le matériau de la pièce et l'effet combiné de la vitesse de coupe et l'avance. Les résultats confirment également l'existence de gammes de vitesse de coupe et d'avance dans lesquelles les émissions de particules sont minimales. Les facteurs qui gouvernent la réponse de surface spécifique des particules métalliques sont différents de ceux régissant la réponse en nombre et en masse. La réponse de la surface spécifique est influencée par les paramètres de coupe dans cet ordre : vitesse de coupe, vitesse d'avance, profondeur et outils de coupe utilisés. Alors que la réponse en nombre ou en masse est principalement régi par la géométrie de l'outil et du matériau. Cependant, il appartient au toxicologue à déterminer la métrique pour caractériser la toxicité de ces particules métalliques.

CONCLUSION

La poussière d'usinage est un sérieux problème qui menace la santé et l'environnement. Pour usiner proprement, certains procédés ont montré beaucoup de succès. L'usinage à sec présente un grand avantage économique et écologique. Mais dans certaines conditions sévères l'usure de l'outil de coupe est accélérée dans ce genre de procédé. Pour surmonter cet inconvénient, plusieurs techniques ont été développées pour compenser la fonction principale du lubrifiant : revêtement de la partie active des outils de coupe, autolubrification (soit au niveau de la pièce d'un matériau graphitique ou au niveau de l'outil par l'implantation du chlore dans la couche du revêtement de nitrure de titane à titre d'exemple). Par contre dans certains cas d'extrême complexité, on ne peut pas usiner parfaitement à sec, comme en perçage où l'écoulement du copeau est très difficile. Dans des situations pareilles, on usine avec une minimum quantité de lubrifiant, juste pour répondre aux exigences tribologiques nécessaires pour faciliter l'écoulement du copeau.

Ce livre a pour objectif la caractérisation des particules métalliques émises lors d'une opération d'usinage. Pour effectuer ce travail, nous avons procédé à une évaluation à la fois expérimentale et quantitative. Dans les premiers chapitres, nous avons réuni diverses informations sur la physique des particules en abordant les spécificités de grandeurs caractéristiques des particules mais également les instruments de mesure. Après une revue bibliographique qui a mis en relief les besoins de recherche dans le domaine de caractérisation, nous avons pu noter à cette occasion que les études traitant de l'incidence de l'usinage sur la qualité de l'air sont assez peu nombreuses et que la situation des ateliers d'usinage en termes d'exposition aux particules métalliques produite par les opérations d'usinage selon une démarche de surveillance de la qualité de l'air restent encore aujourd'hui quasi inexistants.

Afin de mieux cerner les aspects liés à l'émission des particules métalliques, il a fallu passer en revue les différentes phases provoquant cette émission de particules à savoir: la génération des particules fines ou ultrafines, sa diffusion dans le volume d'étude, son dépôt sur les surfaces destinées à l'analyse par microscopie et enfin la correction de la réponse brute. La première phase a consisté à vérifier l'influence et la variabilité des paramètres de coupe sur la génération des particules métalliques qui sera utilisée tout le long des expérimentations. À cet effet, une série d'expérimentations ont donc été opérées au sein d'une enceinte ayant un volume plus conséquent. Ces essais ont permis d'aboutir à un contrôle optimal des conditions expérimentales.

Notons ici, que les résultats expérimentaux que nous avons obtenus nous ont permis d'accroître les connaissances sur l'émission des particules fines et ultrafines lors d'une opération d'usinage. Dans ce but, le suivi de particules dans la gamme 10–500 nm a été assuré durant un processus de fraisage. Une base de données a été constituée et complétée par les paramètres métrologiques. Durant chaque opération d'usinage, la concentration en nombre (10–500 nm) s'est étendue essentiellement de $0,1 \times 10^8$ à $4,15 \times 10^8$ particules/cm^{-3}. La comparaison avec les observations d'autres études montre que les résultats se situent à des niveaux élevés de pollution. D'autre part, on observe que les particules ultrafines (10 - 100 nm) est dominante dans la concentration en nombre. Par contre, les particules dans la gamme (100–500 nm) jouant visiblement un rôle non-négligeable en terme massique. Ceci montre bien le fait que les moyens de surveillance actuels, basés sur la mesure de la concentration massique, sont influencés par les particules supérieures à 100 nm.

La réduction de la génération des particules devrait contribuer à protéger l'environnement et améliorer la qualité de l'air dans les ateliers d'usinage. Pour limiter la génération des particules ou pour la prédire, il est essentiel de connaitre sous quelles conditions elles sont formées et les mécanismes à la base de la formation de ces particules. La géométrie de l'outil, les propriétés des matériaux, les conditions et les paramètres de coupe sont les paramètres influençant la formation des particules métalliques et aide à la prédiction et le contrôle. L'écoulement du copeau est donc le principal problème qu'on doit résoudre afin d'améliorer les conditions d'usinage. Une étude très approfondie des mécanismes de formation de copeaux est nécessaire pour mener une étude efficace en usinage propre.

- La formation du copeau est un phénomène complexe à cause des divers facteurs qui entrent en jeu. La théorie de la couche molle couche dure semble très efficace pour expliquer le phénomène de formation du copeau en usinage.

- Les mécanismes de formation du copeau peuvent nous renseigner sur les émissions dangereuses en usinage.

- Les matériaux fragiles produisent moins de particules métalliques que les matériaux ductiles. Cette règle s'applique très bien pour les alliages d'aluminium.

- L'augmentation de la dureté, fait croître la concentration moyenne de particules métalliques. Cela à cause de la forme du copeau et de l'outil de coupe dans des conditions sévères.

L'ensemble de ce travail a permis d'appréhender les interactions entre les paramètres de coupe et les modes de génération des particules métalliques. Il ressort de cette analyse que la mise en évidence de la sensibilité du processus d'émission aux variations des paramètres de coupe montre l'importance de la chaîne de mesure. Le présent travail vient palier à cette lacune. Ce travail pourra permettre des études ultérieures en toxicologie pour accélérer la mise en place d'une norme sur les émissions de particules métalliques pour une amélioration de la qualité de l'air dans les ateliers d'usinage et donc la protection de la santé des travailleurs. Finalement, de nombreux paramètres entrant en jeu restent méconnus pour pouvoir modéliser de manière réaliste les émissions. Ces paramètres peuvent être liés soit aux particules, soit à l'échantillonnage. Par exemple, la méthode d'évaluation globale ne permette pas de prendre en compte les inhomogénéités dans l'écoulement au sein de l'enceinte utilisé ce qui explique sans doute l'agglomération des particules. Les résultats obtenus montrent que la génération des particules métalliques est fortement influencée par les propriétés des matériaux et géométrie de l'outil. Ainsi, nous recommandons de contrôler les propriétés des matériaux et la géométrie de l'outil pour réduire les émissions de particules. En plus, l'émission des particules diminue avec l'augmentation des vitesses de coupe. Ces résultats sont très encourageants du point de vue pratique. Il est donc possible d'usiner des pièces à de très hautes vitesses de coupe, ce qui garantit une très grande productivité et ce sans produire de poussières nocives.

LISTE DE RÉFÉRENCES BIBLIOGRAPHIQUES

Afsset. 2008. Les nanomatériaux. Rapport de l'Agence française de sécurité sanitaire de l'environnement et du travail, p. 82.

Ahlvik, P., L. Ntziachristos, J. Keskinen et A. Virtanen. 1998. Real Time Measurements of Diesel Particle Size Distribution with an Electrical Low Pressure Impactor. SAE Tech., p. Pap. No. 980410.

Allen, M. D. , et O. G. Raabe. 1982. Re-evaluation of millikan's oil drop data for the motion of small particles in air. J. Aerosol Sci., vol. 13, p. 537–547.

Anselmo E..D, Adilson J.O, 2004. Optimizing the use of dry cutting in rough turning steel operations. International Journal of Machine Tools & Manufacture. 44, p.1061–1067.

Astakhov V. P, M Osman M. O, HayajnehM. T, 2001. Re-evaluation of the basic mechanics of orthogonal metal cutting: velocity diagram, virtual work equation and upper-bound theorem, Inter. Journal of Machine tools & Manufacture 41, p.393-418.

Astakhov, V.P. 2006. Tribology of metal cutting. Elsevier Science, vol. 52, p. 12-18.

Atsushi Mitsuo, Thananan Akhadejdamrong and Tatsuhiko Aizawa, 2003. Self-Lubrication of Cl-Implanted Titanium Nitride Coating for Dry Metal Forming. Materials Transactions, Vol.44, No.7, pp.1295-1302.

Aronson R. B, 1999. Why dry machining. Manufacturing Engineering, p 33-36.

Balashazy I., Hofmann W. & Heistracher T. 2003. Local particle deposition patterns may play a key role in the development of lung cancer. J Appl Physiol, vol. 94, p. 1719-1725.

Balout, B. , Songmene V et Masounave J. 2002. Usinabilité des alliages de magnésium et d'aluminium Partie I: Forces de coupe. Proc. of the International Symposium on Enabling Technologies for Light Metal and Composite Materials and Their End-Products, vol. 41th Conf. of Metallurgists of CIM, p. 223–242.

Balout B., Songmene V., Masounave J. 2007. An experimental study of dust generation during dry drilling of pre-cooled and pre-heated workpiece material. Journal of Manufacturing Processes, vol. 9, no 1, p. 23-34.

Baron, P.A. et Willeke K. 2001a. In Aerosol measurement: principles, techniques, and applications. Baron, P. A., Willeke, K., Eds.; John Wiley and Sons p. 45–60.

Baron, P.A., et K. Willeke. 2001b. Aerosol fundamentals. New York: John Wiley and Sons 45–60 p.

Bauccio, Michael. 1993. ASM Metals Reference Book. Materials Park. OH: Ed. ASM International.

Behne, Martin. 1999. Indoor air quality in rooms with cooled ceilings.: Mixing ventilation or rather displacement ventilation? Energy and Buildings, vol. 30, no 2, p. 155-166.

Belabed, W., Kestali, N., Semsari, S., Gaid, A. 1994. Evaluation de la toxicite de quelques metaux lourds a l'aide du test daphnia. Techniques Sciences Methodes, no 6, p. 331-335.

Bell, DD., Chou, J., Liang, SY. . 1999. Modeling of cutting fluid effect on shop floor environment. Tribol Trans vol. 42, no 1, p. 168–173.

Benoît Hervé-Bazin, Denis Ambroise, 2007. Les nanoparticules : un enjeu majeur pour la santé au travail ?, EDP Sciences & INRS.

Bergeron, V., Metahni, A. 2009. Qualité de l air intérieur: une préoccupation croissante. Annales des falsiÉcations, de l expertise chimique toxicologique, vol. 971, p. 32-40.

Béjar M. A and Vranjican N. 1992. On the life of an ion-nitrided HSS cutting tool. Journal of Materials Processing Technology, 35, p.113-119)

Biskos, G., K. Reavell et N. Collings. 2005. Description and theoretical analysis of a differential mobility spectrometer. Aerosol Science and Technology, vol. 39, no 6, p. 527-541.

Braga D. U, Diniz A.E, Miranda G. W. A, Coppini N. L, 2002. Using a minimum Quantity of Lubricant (MQL) and a Diamond Coated Tool in the Drilling of Al/Si Alloys. Journal of Materials Pro-cessing Technology. 122, 1, p.127-138.

Brown, DM., MR. Wilson, W. MacNee, V. Stone et K. Donaldson. 2001. Size-dependent proinflammatory effects of ultrafine polystyrene particles: a role for surface area and oxidative stress in the enhanced activity of ultrafines Toxicol. Appl Pharmacol vol. 175, p. 191–199.

Buckley, R.L. , et S.K. Loyalka. 1989. Cunningham correction factor and accommodation coefficient. Journal of Aerosol Science, vol. 20, no 3, p. 347.

Byrne G, Dornfield D, Denkena B, 2003. Advancing Cutting Technology. Annals of the CIRP. 52 (2),p. 483-507.

Chang C.S, Tsai G.C. 2003. A force model of turning stainless steel with worn tools having nose radius. Journal of Materials Processing Technology 142, p.112–130)

Chen, B. T., Irwin, R., Cheng, Y. S., Hoover, M. D., and Yeh, H. C 1993. Aerodynamic Behavior of Fiber-Like and Disk-Like Particles in a Millikan Cell Apparatus. J. Aerosol Sci, vol. 24, no 2, p. 181-195.

Cheng, Y. S. 1991. Drag Forces on Nonspherical Aerosol-Particles. Chem. Eng. Comm, vol. 108, p. 201–223.

Chung, KY, R.J. Cuthbert, G.S. Revell, S.G. Wassel et N. Summers. 2000. A study on dust emission, particle size distribution and formaldehyde concentration during machining of medium density fibreboard. Annals of Occupational Hygiene, vol. 44, no 6, p. 455.

Clement, CF., Harrison, RG. 1992. The charging of radioactive aerosols. Journal of aerosol science, vol. 23, no 5, p. 481-504.

Cool Julie, 2007. Étude de trois procédés d'usinage de finition du bois de bouleau blanc. Maîtrise en sciences du bois, Université Laval.

Cook N.H. 1953. Chip formation in machining titanium, in: Proceedings of the Symposium on Machine Grind. Titanium, Watertown Arsenal, MA, p. 1-7.

Daniel C.M, Olson W.W, Sutherland J.W, 1997. Research advances in dry and semi-dry machining. SAE Special Publications. 1263, p.17-26.

Dahneke, B. 1971. The capture of aerosol particles by surfaces. Journal of colloid and interface science, vol. 37, no 2, p. 342-353.

Dahneke, B. 1982. Viscous resistance of straight-chain aggregates of uniform spheres. Aerosol Science and Technology, vol. 1, no 2, p.179-185.

Dahneke, B.E. 1973b. Slip correction factors for nonspherical bodies--I Introduction and continuum flow. Journal of Aerosol Science, vol. 4, no 2, p. 139-145.

Daniel, Bloch. . 2008. Nanoparticules et santé au travail : une problématique nouvelle, médecin du travail. CEA ENSERG. Marseille, A.P., vol. Séminaire annuel de l'OMNT, p.1-27.

Dasch, Jean., D'Arcy, James., Gundrum, Aaron., Sutherland, John., Johnson, John., Carlson, David. 2005. Characterization of Fine Particles from Machining in Automotive Plants. Journal of occupational and environmental hygiene, vol. 2, no 12, p. 609 - 625.

Davies, CN. 1945. Definitive equations for the fluid resistance of spheres. Proceedings of the Physical Society, vol. 57, p. 259.

Derk B. 2010. Exposure to manufactured nanoparticles in different workplaces. Journal of Toxicology, 269, doi:10.1016/j.tox.2009.11.017, p120–127.

Dhar, NR, MW Islam, S. Islam et MAH Mithu. 2006. The influence of minimum quantity of lubrication (MQL) on cutting temperature, chip and dimensional accuracy in turning AISI-1040 steel. Journal of Materials Processing Technology, vol. 171, no 1, p. 93-99.

Dhar, NR, M. Kamruzzaman et M. Ahmed. 2006. Effect of minimum quantity lubrication (MQL) on tool wear and surface roughness in turning AISI-4340 steel. Journal of Materials Processing Technology, vol. 172, no 2, p. 299-304.

Djebara A, Songmene V, Khettabi R, Kouam J. 2012. An Experimental Investigation on Ultrafine Particles Emission During Milling Process Using Statistical Analysis. International Journal of Advances in Machining and Forming Operations, Vol. 4 No.1 pp. 15-37.

Dolinsek S, Ekinovi S, Kopa J. 2004. A contribution to the understanding of chip formation mechanism in high-speed cutting of hardened steel. Journal of Materials Processing Technology 158, p.485–490.

Driscoll, KE. . 1996. Role of inflammation in the development of rat lung tumors in response to chronic particle exposure. Inhal Toxicol vol. 8, no suppl, p. 139–153.

Du F, Lovell R, Wu T.W. 2001. Boundary element method analysis of temperature fields in coated cutting tools, Int. J. Solids Struct. 38, p.4557– 4570.

Eckhoff, R.K. 1991. Dust explosions in the process industries. Butterworth-Heinemann, Oxford.

Eckhoff, R.K. 1996. Prevention and mitigation of dust explosions in the process industries: A survey of recent research and development. Journal of loss prevention in the process industries, vol. 9, no 1, p. 3-20.

Elder A.C, Gelein R, Azadniv M, Frampton M, Finkelstein J, Oberdörster G. 2004. Systemic Effects of Inhaled Ultra Fine Particles in Two Compromised, Aged Rat Strains, Inhale Toxicol. 16, p 461–471.

Elihn, K. , F. Otten, M. Boman, P. Heszler, F. E. Kruis, Fissan H. et J. O. Carlsson. 2001. Size distributions and synthesis of nanoparticles by photolytic dissociation of ferrocene. Appl. Phys., vol. 72, p. 29-34.

EPA, U.S. 1995. Characterizing Air Emissions from Indoor Sources. EPA report:EPA/, vol. 600/F-95/005, p. U.S. Environmental Protection Agency, Washington, DC.

Erikson, H. A. 1921. The Change of Mobility of the Positive Ions in Air with Age. Phys. Rev., vol. 18, p. 100-101.

Ernst E, FERG, Peter L, Gabriela G. 2008. The Influence of Particle Size and Composition on the Quantification of Airborne Quartz Analysis on Filter Paper. Industrial Health 46, p.144–151.

Ferin, J., Oberdörster, G., Penney, DP. 1992. Pulmonary retention of ultrafine and fine particles in rats. American journal of respiratory cell and molecular biology, vol. 6, no 5, p. 535.

Fierz, M., Scherrer, L., Burtscher, H. 2002. Real-time measurement of aerosol size distributions with an electrical diffusion battery. Journal of aerosol science, vol. 33, no 7, p.1049-1060.

Fletcher, RA, GW Mulholland, MR Winchester, RL King et DB Klinedinst. 2009. Calibration of a Condensation Particle Counter Using a NIST Traceable Method. Aerosol Science and Technology, vol. 43, no 5, p.425-441.

Fuchs, N. A. 1963. On the stationary charge distribution on aerosol particles in a bipolar ionic atmosphere. Pure and Applied Geophysics, vol. 56, no 1, p. 185-193.

Fuchs, N. A. . 1964a. The Mechanics of Aerosols. Pergamon Press, Oxford, England, and The Macmillan Company, pp.422.

Gäggeler, H. W., Baltensperger, U., Emmenegger, M., Jost, D. T., Schmidt-Ott, A., Haller, P., Hofmann, M. 1989. The epiphaniometer, a new device for continuous aerosol monitoring. Journal of aerosol science, vol. 20, no 5, p.557-564.

Garcia, J., Colosio, J. 2001. Les indices de qualité de l'air: élaboration, usages et comparaisons internationales. Transvalor Presses des Mines.

Gérald B. 1989. Probabilités, Statistique et technique de régression. p.280-325.

Gilorimi P, Felder E. 1985. Modélisation thermomécanique de la formation du copeau en usinage à grande vitesse. Bulletin du Cercle des Métaux, Tome 15, n:9.

Gradus L, Popov Y. 1984. Methods of Decontaminating Emissions during Machining of Materials. Khim. Neft. Mashinostr. 2, p.10–11.

194

Grésillon, J.M., Charron, S. 2007. Réponse à l'échelle française: programmes de recherche du MEDD sur la gestion des risques inondation (RIO, RDT, ERA-Net CRUE). La Houille Blanche, no 2, p.64-69.

Grzesik W. 2001. An investigation of the thermal effects in orthogonal cutting associated with multilayer coatings. Ann. CIRP 50(1), p.53– 56.

Gunn, R. 1955. The statistical electrification of aerosols by ionic diffusion. Journal of Colloid Science, vol. 10, no 1, p. 107-119.

Hallé, S., Morency, F., Dufresne, L. 2009. Modeling Nanoparticles Transport in an Animal Exposure Chamber: Comparison with Experimental Measurements. Compte-rendu du 2e Congrès international sur l'ingénierie des risques industriels, Reims, France, 13-15 mai., vol. 2.

Hanley, SJ, et DG Gray. 1999. AFM images in air and water of kraft pulp fibres. Journal of pulp and paper science, vol. 25, no 6, p. 196-200.

Happel, J. , et H. Brenner. 1965. Low Reynolds number hydrodynamics with special applications to particulate media. Englewood Cliffs, Prentice-Hall, p.553.

Happel, J., et H. Brenner. 1983. Low Reynolds number hydrodynamics. Medium: X; Size: Pages: 553 p.

Happel, J., et H. Brenner. 1991. Low Reynolds number hydrodynamics: with special applications to particulate media. Kluwer Academic Print on Demand.

Hartman, R.P.A. , D.J. Brunner, D.M.A. Camelot, J.C.M. Marijnissen et B. Scarlett. 2001. Jet break-up in electro-hydrodynamic atomization in the cone-jet mode. J. Aerosol Sci., vol. 31, p.65–95.

Hayes, SR. 1989. Estimating the effect of being indoors on total personal exposure to outdoor air pollution. JAPCA, vol. 39, no 11, p. 1453.

Hervé-Bazin, B. 2007. Les nanoparticules: Un enjeu majeur pour la santé au travail? : L'Editeur: EDP Sciences, pp.626.

Hess, W., Frisch, H. L., & Klein, R. . 1986. On the hydrodynamic behavior of colloidal aggregates. Journal of Physics, vol. B, no Condensed Matter, p.65–76.

Hewitt, G. W. . 1957. The Charging of Small Particles for Electrostatic Precipitation. Truns. Amer. I nst .E lect. Engr. , vol. 76, p.300-306.

Hinds, W.C. 1999. Aerosol technology: properties, behavior, and measurement of airborne particles. Medium: X; Size: Pages: pp.480.

Honnert, B., Vincent, R. 2007. Production et utilisation industrielle des particules nanostructurées. Hygiène et sécurité du travail ND 2277, vol. 209, no 07, p. 5-21.

Hua J, Shivpuri R. 2004. Prediction of chip morphology and segmentation during the machining of titanium alloys. Journal of Materials Processing Technology 150, p.124–133

http://www.chesterton.com/Product%20Images/TPD/380_large.jpg and http://www.tta-lubrifiants.com/industrie/index.php, visité le 18 Aout 2012.

http://www.cnrs.fr/cw/dossiers/doschim/imgArt/peau/derme01.html, visité le 18 octobre 2012.

http://www.advancedmicro-lubrication.co.uk/pages/home/, visité le 18 Octobre 2012.

http://www.mmsonline.com/, visité le 18 Octobre 2012.

Hua J, Shivpuri R. 2002. Influence of crack mechanics on the chip segmentation in the machining of titanium alloys. Proceedings of the Ninth ISPE International Conference on Concurrent Engineering, Cranfield, UK.

International Organization for Standardization. 2007. ISO/TR 27628:2007. Workplace atmospheres; Ultrafine, nanoparticle and nano-structured aerosols; Inhalation exposure characterization and assessment. ICS 13.040.30, Workplace atmospheres.

IRSST. 1990. Numération des fibres. Méthode 243-1. Méthodes analytiques. Montréal.

Jacques Kummer, 2007. Caractérisation des aérosols atmosphériques: aspects qualitatifs, quantitatifs et évaluation des risques environnement et santé. Université Libre de Bruxelles IGEAT - ULB.

Jin, R. C. , Y. C. Cao, E. Hao, G. S. Metraux, G. C. Schatz et C.A. Mirkin. 2003. Controlling Anisotropic Particle Growth through Plasmon Excitation. Nature, vol. 425, p.487-490.

Joseph, G., Dale, E.N., Patrick, E., Charles, E.L., David, C.J., Eric, L., Sawyer, L.C., Michael, J.R. 1992. Scanning electron microscopy and X-ray microanalysis, 1. : Springer Verlag.

Kasper, G. 1982a. Dynamics and measurement of smokes. I Size characterization of nonspherical particles. Aerosol Science and Technology, vol. 1, no 2, p.187-199.

Kasper, G. 1982b. Dynamics and measurement of smokes. II The aerodynamic diameter of chain aggregates in the transition regime. Aerosol Science and Technology, vol. 1, no 2, p.201-215.

196

Kasper, G. 1983. Note on the slip coefficient of doublets of spheres. J. Aerosol Sci,, vol. 14, no 6, p.753-754.

Keefe, D. Nolan, P.J. Rich, T.A. 1959. Charge equilibrium in aerosols according to the Boltzmann law. In. JSTOR. Vol. 60, p.27-45.

Khettabi, R., et V. Songmene. 2009. Particles emission during orthogonal and oblique cutting. International Journal of Advances in Machining and Forming Operations, vol. 1, no N1, p.1-10.

Khettabi, R., V. Songmene et J. Masounave. 2007. Effect of tool lead angle and chip formation mode on dust emission in dry cutting. Journal of Materials Processing Technology, vol. 194, no 1-3, p.100-109.

Khettabi, R., V. Songmene, J. Masounave et I. Zaghbani. 2008. Understanding the Formation of Nano and Micro Particles During Metal Cutting. Int. J. Signal Syst. Control Eng. Appi, vol. 1, no 3, p. 203-210.

Khettabi, R., Songmene, V., Masounave, J. 2010a. Effects of Speeds, Materials, and Tool Rake Angles on Metallic Particle Emission During Orthogonal Cutting. Journal of Materials Engineering and Performance, vol. 19, no 6, p. 767-775.

Khettabi, R., Songmene, V., Zaghbani, I., Masounave, J. 2010b. Modeling of Particle Emission During Dry Orthogonal Cutting. Journal of Materials Engineering and Performance, vol. 19, no 6, p. 776-789.

Khettabi, Riad. 2009. Modélisation Des Émissions De Particules Microniques Et Nanométriques En Usinage. Thèse, Montréal, ÉTS, pp. 180.

Klepeis, N.E. 2007. Modeling Human Exposure to Air Pollution. Exposure Analysis, CRC Press, Taylor & Francis, Boca Raton, FL, p.445-470.

Klocke F, Eisenblaetter G, 1997. Dry Cutting, Annals of CIRP Manufacturing Technology, 46, 2, p.519-526.

Knoll, G.F. 1989. Radiation Detection and Measurement. Edition John Wiley & Sons USA, p. 840.

Knutson, E. O. 1976. Extended Electric Mobility Method for Measuring Aerosol Particle Size and Concentration, in Fine Particles: Aerosol Generation, Measurement, and Sampling. (B. Y. H. Liu, ed.) Academic Press, New York p. 740-762.

Knutson, E. O., Whitby, K. T. 1975. Aerosol classification by electric mobility: Apparatus, theory, and applications. Journal of Aerosol Science, vol. 6, no 443, p. 451.

197

Kouam, J., V. Songmene, A. Djebara et R. Khettabi. 2011. Effect of Friction Testing of Metals on Particle Emission. Journal of Materials Engineering and Performance, p. 1-8.

Kopac J, 1998. Influence of cutting material and coating on tool quality and tool life. Journal of Materials Processing Technology, 78, p.95–103

Kutz, S., & Schmidt-Ott, A. 1990. Use of a low-pressure impactor for fractal analysis of submicron particles. Journal of Aerosol Science, vol. 21, p.47–50.

Lajoie, P. Juin 1997. Particules Dans L'atmosphère : Des Normes Plus Sévères Pour Protéger La Santé. En ligne. < http://www.inspq.qc.ca/bulletin/bise/1997/bise_8_3.asp >. Consulté le 31 juillet 2011.

Lashkhi, V.L.; Zakharova, N.N, 1992. Ecological aspects of lubricating oil application. Khimiya i Tekhnologiya Topliv i Masel, n 1., p.37-47.

Lauwerys, R.R., Haufroid, V., Hoet, P., Lison, D. 2007. Toxicologie industrielle et intoxications professionnelles, 5e édition. Elsevier Masson SAS, pp.235.

LeCalvez C. 1995. Étude des aspects thermiques et métallurgiques de la coupe orthogonale d'un acier au carbone. Thèse de doctorat de l'ENSAM Paris.

Lévesque, B., Auger, P.L., Bourbeau, J., Duchesne, J.F., Lajoie, P., Menzies, D. 2003. Qualité de l'air intérieur. Environnement et santé publique: fondements et pratiques. Volume Chapitre, vol. 12, p.317-332.

Lissowski, P. 1940. Das Laden von Aerosolteilchen in einer bipolaren Ionenatmosphäre. Acta Physicochimica URSS, vol. 13, p.157-192.

Long J.F., Waldman W.J., Kristovich R., Williams M., Knight D. & Dutta P.K. 2005. Comparison of ultrastructural cytotoxic effects of carbon and carbon/iron particulates on human monocyte-derived macrophages. Environ Health Perspect, 113, p.170-174.

Machado A.R, Wallbank J, 1997. The effect of extremely low lubricant volumes in machining. Wear 210, p.76-82.

MacNee W. & Donaldson K. 2000. Exacerbations of COPD: environmental mechanisms. Chest, vol. 117, p. 390-397.

Maillet D, Andre S, Batsale J.C, Degiovanni A, Moyne C. 2000. Thermal Quadrupoles Solving the Heat Equation Through Integral Transforms, J. Wiley Ed, Chichester, pp.129–132.

Malkovsky, Victor, et Alexander Pek. 2009. Effect of Elevated Velocity of Particles in Groundwater Flow and Its Role in Colloid-facilitated Transport of Radionuclides in Underground Medium. Transport in Porous Media, vol. 78, no 2, p. 277-294.

Malshe, A.P., Naseem, H.A., Brown, W.D. 1998. Apparatus for and method of polishing and planarizing polycrystalline diamonds, and polished and planarized polycrystalline diamonds and products made therefrom. Patent, United States (inv.). 5725413.

Maricq, M.M., D.H. Podsiadlik et R.E. Chase. 2000. Size distributions of motor vehicle exhaust PM: a comparison between ELPI and SMPS measurements. Aerosol Science and Technology, vol. 33, no 3, p. 239-260.

McCabe   J, Ostaraff M, 2001. Performance Experience with Near-Dry Machining of Aluminum. Lubrication Engineering, 57 (12), p.22-27.

McMurry, P.H., X. Wang, K. Park et K. Ehara. 2002. The relationship between mass and mobility for atmospheric particles: A new technique for measuring particle density. Aerosol Science and Technology, vol. 36, no 2, p. 227-238.

Millikan, R.A. 1923. The general law of fall of a small spherical body through a gas, and its bearing upon the nature of molecular reflection from surfaces. Physical Review, vol. 22, no 1, p. 1.

Morency, F., Hallé, S. 2010. Nanoparticles Transport and Diffusion in an Animal Exposure Chamber. Advanced in Fluid Mechanics VIII, editor M. Rahman, C.A. Brebbia, WIT Press, Southampton, England p. 533-544.

Moshammer, H., et M. Neuberger. 2003. The active surface of suspended particles as a predictor of lung function and pulmonary symptoms in Austrian school children. Atmospheric Environment, vol. 37, no 13, p. 1737-1744.

Mulholland, G.W., et B.J. Bauer. 2000. Nanometer calibration particles: what is available and what is needed? Journal of Nanoparticle Research, vol. 2, no 1, p. 5-15.

Momas, I., Caillard, J.F., Lesaffre, B. 2004. Rapport de la Commission d'orientation du Plan national santé-environnement. Environnement, Risques & Santé 3(3): 141-144.

Moufki A, Devillez A., Dudzinski D., Molinari A, 2004. Thermomechanical modelling of oblique cutting and experimental Validation. International Journal of Machine Tools & Manufacture, 44, p.971–989.

Milovanov, A.A and Lejbzon L.M, 2000. Hydraulic press with 10,000 kN force for semi-dry pressing of refractory products, Ogneupory. p 46-48.

Myriam RICAUD, Nicole Pellieux, 2007. Point des connaissances « Les silices amorphes », INRS ED 5033.

Myriam RICAUD, Dominique LAFON, Frédérique ROOS, 2008. Les nanotubes de carbone : quels risques, quelle prévention ? , Note documentaire INRS, ND 2286 -209- 07.

Nageswara Rao, D., et P. Vamsi Krishna. 2008. The influence of solid lubricant particle size on machining parameters in turning. International Journal of Machine Tools and Manufacture, vol. 48, no 1, p. 107-111.

Nicolle, Jerome. 2009. Développement d'une méthodologie d'analyse de composés organiques volatils en traces pour la qualification de matériaux de construction. These p. 23-69.

Nolan, P.J., Kennan, EL. 1948. Condensation Nuclei from Hot Platinum: Size, Coagulation Coefficient and Charge-Distribution. In. JSTOR. Vol. 52, p. 171-190.

Oberdörster, G. , JN. Finkelstein, C. Johnston, R. Gelein, C. Cox et R. Baggs. 2000. Acute pulmonary effects of ultrafine particles in rats and mice. Res Rep Health Eff Inst, vol. 96, p.5-74.

Oberdörster, G., Cherian, MG., Baggs, RB. 1994. Correlation between cadmium-induced pulmonary carcinogenicity, metallothionein expression, and inflammatory processes: a species comparison. Environmental health perspectives, vol. 102, no Suppl 3, p. 257.

Oberdörster, G., RM. Gelein, J. Ferin et B. Weiss. 1995. Association of particulate air pollution and acute mortality: involvement of ultrafine particles? Inhal Toxicol vol. 7, p. 111-124.

Oberdörster, G. Oberdörster, E. Oberdörster, J. 2005. Nanotoxicology: an emerging discipline evolving from studies of ultrafine particles. Environmental health perspectives, vol. 113, no 7, p. 823.

Oberdörster, G. Oberdörster, E. Oberdörster, J. 2007. Concepts of nanoparticle dose metric and response metric. Environmental health perspectives, vol. 115, no 6, p. 290.

Olivier, P., Wroblewski, A. 2001. Application d'un modèle de dispersion de polluants atmosphériques en zone rurale influencée. 52 p.

Ostiguy C, Roberge B, Ménard L, Endo C. 2009. A good practice guide for safe work with nanoparticles: The Quebec approach. IOP Publishing, vol. 012037.

Ostiguy, C. Lapointe, G. Trottier, M. Ménard, L. Cloutier, Y. Boutin, M. Antoun, M. 2006. Health Effects of Nanoparticles. Normand, Christian Studies and Research Projects/Report R-469, Montréal, IRSST, 55 pages.

OMS, Organisation mondiale de la santé (World Health Organization WHO), 1999. Hazard Prevention and Control in the Work Environment : Airborne Dust, Prevention and Control Exchange. WHO/SDE/OEH/99.14, Geneva, Switzerland, 1-219.

Onder M, Onder S. 2009. Evaluation of Occupational Exposures to Respirable Dust in Underground Coal Mines, Industrial Health 2009, 47, 43–49.

Orowan. E. (1934). Zeit. Phys. 89, 605, 614, 634.

Orowan. E. (1935). Zeit. Phys. 98, 382.

Ouf, F.X., J. Vendel, A. Coppalle, M. Weill et J. Yon. 2008. Characterization of soot particles in the plumes of over-ventilated diffusion flames. Combustion Science and Technology, vol. 180, no 4, p. 674-698.

Ouf, François-Xavier. 2006. Caractérisation des aérosols émis lors d'un incendie ». Thèse de Doctorat, p. 31.

Payne, L.E., et WH Pell. 1960. The Stokes flow problem for a class of axially symmetric bodies. Journal of Fluid Mechanics, vol. 7, no 04, p. 529-549.

Perrin, M.L. . 1980. Étude de la dynamique d'aérosols fins produits artificiellement, Application à l'atmosphère. Thèse, Paris VI, vol. rapport CEA R-5062, p. 140.

Perry A. J, Treglio J.R, Schaffer J.P, Brunner J, Valvoda V and Rafaja D, 1994. Non-destructive study of the ion-implantation affected zone (the long-range effect) in titanium nitride. Surface and Coatings Technology, Volume 66, Issues 1-3, p.377-383.

Perry A. J. 1998. Microstructural changes in ion implanted titanium nitride. Materials Science and Engineering A, Volume 253, Issues 1-2, p.310-318.

Peters, A., HE. Wichmann, T. Tuch, J. Heinrich et J. Heyder. 1997. Respiratory effects are associated with the number of ultrafine particles. Am Respir Crit Care Med vol. 155, p. 1376–1383.

Poey, J., Philibert, C. 2000. Toxicite des metaux . Revue Francaise des Laboratoires, vol. 2000, no 323, p. 35-43.

Pollak, L. W., Metnieks, A. L. 1962. On the validity of Boltzmann's distribution law for the charges of aerosol particles in electrical equilibrium. Pure and Applied Geophysics, vol. 53, no 1, p.111-132.

Pommery, J., Imbenotte, M., Erb, F. 1985. Relation entre toxicite et formes libres de quelques metaux traces. Environmental Pollution Series B, Chemical and Physical, vol. 9, no 2, p.127-136.

Raabe, O.G. . 1976. Aerosol Aerodynamic Size Conventions for Inertial Sampler Calibration. J. Air Pollut. Contr. Assoc., vol. 26, p. 856–860.

Rader, D.J. . 1990. Momentum slip correction factor for small particles in nine common gases. J. Aerosol Sci., vol. 21, p. 161-168.

Ramulu M, Young P, Kao H . 1999. Drilling of Graphite/Bismaleimide Composite Material. J. Mater. Eng. Perform. 8, p 330–338.

Rautio S, Hynynen P. 2002. Modeling of airborne dust emissions in CNC-MDF milling, Holz als Roh- und Werkstoff, vol. 65(7), p 335-341.

Rech J, Djouadi M.A. 2001. Wear resistance of coatings in high speed gear hobbing. Wear 250, p.45– 53

Remadna, Mehdi. 2001. Le comportement du systeme usinant en tournage dur. Application au cas d'un acier trempe usine avec des plaquettes CBN (Nitrure de Bore Cubique). Thèse, p.16-52.

Renoux, D. Boulaud. 1998b. Les aérosols, physique et métrologie. TEC DOC, édition Lavoisier, p.p.301.

Robino C.V and Inal O.T. 1983. Ion-nitriding behaviour of several low alloy steels, Mater. Sci. Eng., 59, p.79-90.

Rogak, Steven N., Flagan, Richard C. 1992. Bipolar diffusion charging of spheres and agglomerate aerosol particles. Journal of aerosol science, vol. 23, no 7, p. 693-703, 705-710.

Rohmann, H. 1923. Methode sur Messung der Grosse von Schwebeteilchen. Phys., vol. 17, no 2, p. 253-265.

Rossmoore, H.W., et L.A. Rossmoore. 1990. Effect of Microbial Growth Products on Biocide Activity in Metalworking Fluids. Symposium on Extra cellular Microbial Products in Bio-deterioration, vol. 27, no 2, p. 145–156.

Sager, T.M., Castranova, V. 2009. Surface area of particle administered versus mass in determining the pulmonary toxicity of ultrafine and fine carbon black: comparison to ultrafine titanium dioxide. Particle and Fibre Toxicology, vol. 6, p. 15-15.

Sandu, A., Allard, F. 1999. Numerical study of the turbulent transport of particles in a cavity: Prediction of particle spreading in a ventilated enclosure. La Rochelle, FRANCE, Université de La Rochelle, pp.203.

Sandstrom D.R, Hodowany J.N. 1998. Modeling the physics of metal cutting in high-speed machining, Mach. Sci. Technol. 2 (2), p.343–353.

Spalvins T. 1983. Tribological and Microstructural characteristics of ion-nitrided steels. Thin Solid Films, 108, p.157-163.

Schmidt-Ott, A., Baltensperger, U., GFaggeler, H. W., & Jost, D. T. 1990. Scaling behavior of physical parameters describing agglomerates. Journal of Aerosol Science, vol. 21, p.711–717.

Shaw M.C. 2005. Metal Cutting Principles. second edition, Oxford, New York, chap 9, pp.183.

Shin, W.G., J. Wang, M. Mertler, B. Sachweh, H. Fissan et D.Y.H. Pui. 2009. Structural properties of silver nanoparticle agglomerates based on transmission electron microscopy: relationship to particle mobility analysis. Journal of Nanoparticle Research, vol. 11, no 1, p.163-173.

Sondossi, M. , H.W. Rossmoore et R. Williams. 2001. Relative Formaldehyde Resistance Among Bacterial Survivors of Biocide-Treated Metalworking Fluid. Int. Bio-deteriorat. Biodegrad, vol. 48, no 1-4, p. 286–300.

Songmene V and Balazinski M, 1999. Machinability of Graphitic MMCs as a Function of Reinforcing Particles. Annals of CIRP, Inter. Instititution for Production Engineering Research, vol. 48, 1, p.77-80.

Songmene, V., Balout, B., Masounave, J. 2008b. Clean Machining: Experimental Investigation on Dust Formation—Part I: Influence of Machining Parameters and Chip Formation. Int. J. Environ. Conscious Des. Manuf.(ECDM), vol. 14, no 1, p. 17-33.

Songmene, V., B. Balout et J. Masounave. 2008b. Clean Machining: Experimental Investigation on Dust Formation - Part II: Influence of Machining Strategies and Drill Condition. Int. J. Enviro., vol. 14, no Conscious Des. Manuf. (ECDM), p. 17-33.

Standard, A. 1981. Ventilation for Acceptable Indoor Air Quality. Philip Morris, p. 62.

Suda S, Yokota H, Inasaki I, Wakabayashi T, 2002. A synthetic ester as an optimal cutting fluid for minimal quantity lubrication machining. CIRP Ann Manuf Technol. V51., Issue 1, p.95-98

Sylvie Charron, 2006. Nanotechnologies nanoparticules : quels dangers, quels risques ?, Comité de la prévention et de la précaution MEDD.

Sutherland, J.W. , V.N. Kulur et N.C. King. 2000. Experimental Investigation of Air Quality in Wet and Dry Turning. CIRP Ann. Manuf. Technol., vol. 49, no 1, p. 61-64.

Sutherland, J.W., Kulur, V.N., King, N.C. 2000. An Experimental Investigation of Air Quality in Wet and Dry Turning. CIRP Ann. Manufactur. Technol, vol. 49, no 1, p. 61-64.

Swuste, P., Corn, M., Goelzer, B. 1995. Hazard prevention and control in the work environment. Report of a WHO meeting. International journal of occupational medicine and environmental health, vol. 8, no 1, p. 7.

Tammet, H. . 1995. Size and mobility of nanometer particles, clusters and ions. J. Aerosol Sci, vol. 26, p. 459–475.

Taylor, M.A. 2002. Quantitative measures for shape and size of particles. Powder technology, vol. 124, no 1-2, p. 94-100.

Tatsuhiko Aizawa, Thananan Akhadejdamrong , Atsushi Mitsuo, 2004. Selflubrication of nitride ceramic coating by the chlorine ion Implantation. Surface and Coatings Technology. 177, p.573–581.

Terence, A. . 2003. Powder Sampling and Particle Size Determination. Elsevier B.V. , vol. 1st edition p. 57-136.

Tönshoff, HK., Arendt, C., Amor, R.B. 2000. Cutting of hardened steel. CIRP Annals-Manufacturing Technology, vol. 49, no 2, p. 547-566.

Tönshoff, HK., Peters, J., Inasaki, I., Paul, T. 1992. Modelling and simulation of grinding processes. CIRP Annals-Manufacturing Technology, vol. 41, no 2, p. 677-688.

Tran, CL., D. Buchanan, RT. Cullen, A. Searl, AD. Jones et K. Donaldson. 2000. Inhalation of poorly soluble particles. II. Influence of particle surface area on inflammation and clearance. Inhal Toxicol vol. 12, p. 1113–1126.

TSI. 2006. Scanning Mobility Particle Sizer™ (SMPS™) Spectrometer Model 3936, Ultrafine Water-based Condensation Particle Counter Model 3786. Operation and Service Manual, vol. Revision L&B, no P/N 1933796 & 1930072, p. 83.

Travail et Sécurité, 2006. Dossier intitulé Le nano-développement sous surveillance, ED n°652.

Um J. Y, Chow L. C, Jawahir I. S, 1995. Experimental Investigation of the application of the Spray cooling method in stainless steel machining. American Society of Mechanical Engineers, MED, Manucturing Science and Engineering, 2, 1, p.165-178.

Van Gulijk C., JCM Marijnissen, M. Makkee, JA Moulijn et A. Schmidt-Ott. 2004. Measuring diesel soot with a scanning mobility particle sizer and an electrical low-pressure impactor: performance assessment with a model for fractal-like agglomerates. Journal of aerosol science, vol. 35, no 5, p. 633-655.

Vertrand Honnet, Raymond Vincent, 2007. Production et utilisation industrielle des particules nanostructurées, Note documentaire INRS, ND 2277 -209- 07.

Virtanen, A., J. Ristimäki et J. Keskinen. 2004. Method for measuring effective density and fractal dimension of aerosol agglomerates. Aerosol Science and Technology, vol. 38, no 5, p. 437-446.

wakabayashi T, Inasaki I, Suda S, Yokota H, 2003. Tribological characteristics and cutting performance of lubricant esters for semi-dry machining. CIRP-Annals-Manufacturing-Technology. 52 (1) : p.61-64.

Wakabayashi T, Sato H and Inasaki I, 1998. Turning Using Extremely Small Amounts of Cutting Fluids. JSME International Journal Series C-Mechanical Systems Machine Elements & Manufacturing, 41(1), p.143–148.

Weinert, K.I. , J.W. Sutherland et T. Wakabayashi. 2004. Dry Machining and Minimum Quantity Lubrication. CIRP Ann. Manufact. Technol., vol. 53, no 2, p. 511–537.

Wen, HY., Reischl, GP., Kasper, G. 1984. Bipolar diffusion charging of fibrous aerosol particles--I. charging theory. Journal of aerosol science, vol. 15, no 2, p. 89-101.

World Health Organisation (WHO). 1999. Hazard Prevention and control in the work environment: Airborne dust. Occupational and Environmental Health Department of Protection of the Human Environment, WHO, Geneva.

Whitby, K. T., Clark, W. E. 1966. Electrical Aerosol Particle Counting and Size Distribution Measuring System for the 0.015 to 1 μm Size Range. Tellus vol. 18, p. 573-586.

Wiedensohler, A. 1988a. An approximation of the bipolar charge distribution for particles in the submicron size range. Journal of aerosol science, vol. 19, no 3, p. 387-389.

Wiedensohler, A., Fissan, HJ. 1988b. Aerosol charging in high purity gases. Journal of aerosol science, vol. 19, no 7, p. 867-870.

Wiedensohler, A., Lütkemeier, E., Feldpausch, M., Helsper, C. 1986. Investigation of the bipolar charge distribution at various gas conditions. Journal of aerosol science, vol. 17, no 3, p. 413-416.

Williams, M.M.R., et S.K. Loyalka. 1991. Aerosol Science – Theory and Practice, With Special Applications to the Nuclear Industry. Pergamon Press vol. Chapter II, p. 12-105.

Witschger, O., Fabriès, J.F. 2005. Particules ultra-fines et santé au travail: Caractéristiques et effets potentiels sur la santé, ND 2227-199-05. Montréal: Institut national de sécurité, 15 p.

Xie J.Q , Bayoumi A.E, Zbib H.M. 1996. Study on shear banding in chip formation of orthogonal machining. Int. J. Mach. Tools Manufact. Vol. 36, No. 7, pp. 835-847.

Yang , X., Chen , Q. 2001. A coupled airflow and source/sink model for simulating indoor VOC exposures. Indoor Air, vol. 11, no 4, p. 257-269.

Yen Y.C, Jain A, Chigurupati P, Wu W.T, Altan T. 2003. Computer simulation of orthogonal cutting using a tool with multiple coatings. 6th CIRP Workshop on modelling of machining, Hamilton, 19–20 May.

Young, P., Byrne, G., Cotterell, M. 1997. Manufacturing and the environment. The International Journal of Advanced Manufacturing Technology, vol. 13, no 7, p. 488-493.

Zeleny, J. 1898. On the Ratio of the Velocities of the Two Ions Produced in Gases by Rontgen Radiation; and on Some Related Phenomena. Phil. Mag, vol. 46, p. 120-154.

Zeleny, J. 1900. The Velocity of the Ions Produced in Gases by Rongten Rays. Phil. Trans. Roy. Soc. A, vol. 195, p. 193-234.

Zeleny, J. 1929. The Distribution of Mobilities of Ions in Air. Phys. Rev, vol. 34, p. 310-334.

Zhang Q, Kusaka Y, Donaldson K. 2000. Comparative Pulmonary Responses Caused by Exposure to Standard Cobalt and Ultra Fine Cobalt. J. Occup. Health, 42, p 179–184.

Zhang, H, Alpas A.T, 2002. Quantitative evaluation of plastic strain gradients generated during orthogonal cutting of an aluminium alloy. Materials Science and Engineering, 332, p.249–254

Zhuming, Bi. 2011. Design and simulation of dust extraction for composite drilling. The International Journal of Advanced Manufacturing Technology, 54(5), p.629-638.

www.ingramcontent.com/pod-product-compliance
Lightning Source LLC
Chambersburg PA
CBHW021038210326
41598CB00016B/1066